普及版

世界の紙を巡る旅

Journey for handmade paper around the world

浪江由唯

Yui Namie

はじめに

二〇一九年から二〇二〇年にかけて、「紙」をテーマに三〇三日間の世界一周をしました。きっと多くの人が「どうして紙なの？」と思うでしょう。

絶景や建築や食べ物やアート、民族衣装、音楽、教育や医療。世界を周る理由や視点は、たくさんあります。でもわたしはそのどれよりも「世界各地にどんな紙があるのか」が気になったのです。ただ紙が好きで、もっといろんな紙を見て紙のことを知りたい、と思ったのが旅を始めたきっかけでした。

そもそも、どうしてわたしは紙に惹かれたのか？を振り返ると、はっきりとした原点があります。それは、二〇一五年に、四国の「かみこや」という紙の工房兼民宿で一泊二日かけて紙を作る体験をしたことです。木の皮を剥ぎ、皮の茶色い部分をそぎ落とし、木槌で叩いてやわらかくして砕いて水に散らして漉いて、板に貼り付け、日に当てて乾燥させる。一連の流れを体験させてもらった後で、自分が作った紙を手に取った瞬間、「わたしは一生、紙に関わって生きていくんだろうな」と思いました。

木が紙になるまでには、たくさんの工程と時間がかかります。機械で簡単に紙が作れるのに、どうして手間をかけて人の手で紙を作るんだろう？　わたしにはそのことが不思議でなりませんでした。日本の和紙はすごいと言われるけれど、他の国の紙とどう違うの？　と気になって、学生時代はネパールのロクタペーパーを研究しました。

二〇一六年の冬、フィールドワークで訪れたネパールで見たことのない紙と紙もの紙に衝撃を受けました。「世界にはこんな紙があるのか！」と知り、「いつか世界の紙を探し求める旅がしたい」と強く思いました。この本のタイトルでもある「世界の紙を巡る旅」というフレーズを思いついたとき、その旅を他の誰かがしているのを目にするのではなく、わたしがやりたい、誰にも譲りたくないと思いました。

手仕事の紙は尊く、美しいです。けれど、このままでは近い将来にきっといくつもの紙工房が途絶えていきます。手仕事の紙が存続するためには、紙を売ればよいのか。後継者がいればよいのか。わたしの頭だけでは答えが見つからなくて、世界の紙工房を巡れば何かヒントがあるかもしれない、とりあえず世界の現状を見に行こうと決めました。

この本では、二〇一九年三月から二〇二〇年一月の三〇三日間の旅で見た一五カ国の現状をはじめ、旅で出会ったたくさんのものやことをまとめています。手仕事の紙に関わる人々の仕事や現場を知ることで、みなさんがこれから手に取る紙やものへの視点が広がれば幸いです。

なお、二〇二一年に出版した『世界の紙を巡る旅』はありがたいことに版元完売し、重版ではなく装いを新たに『世界の紙を巡る旅　普及版』として再販する運びとなりました。普及版として販売できたのは、完売から二年以上が経っても変わらずに「楽しみに待っています」と伝え続けてくださったお客さまや、その期間に紙の旅の話を通じて出会ったたくさんの方々、近くで見守ってくれていた人たちのおかげです。本としての形や色は変わったけれど、こうして形になったことで新たに届く人がいることをうれしく思います。

二〇二四年九月一日　浪江由唯（kami/）

コラム

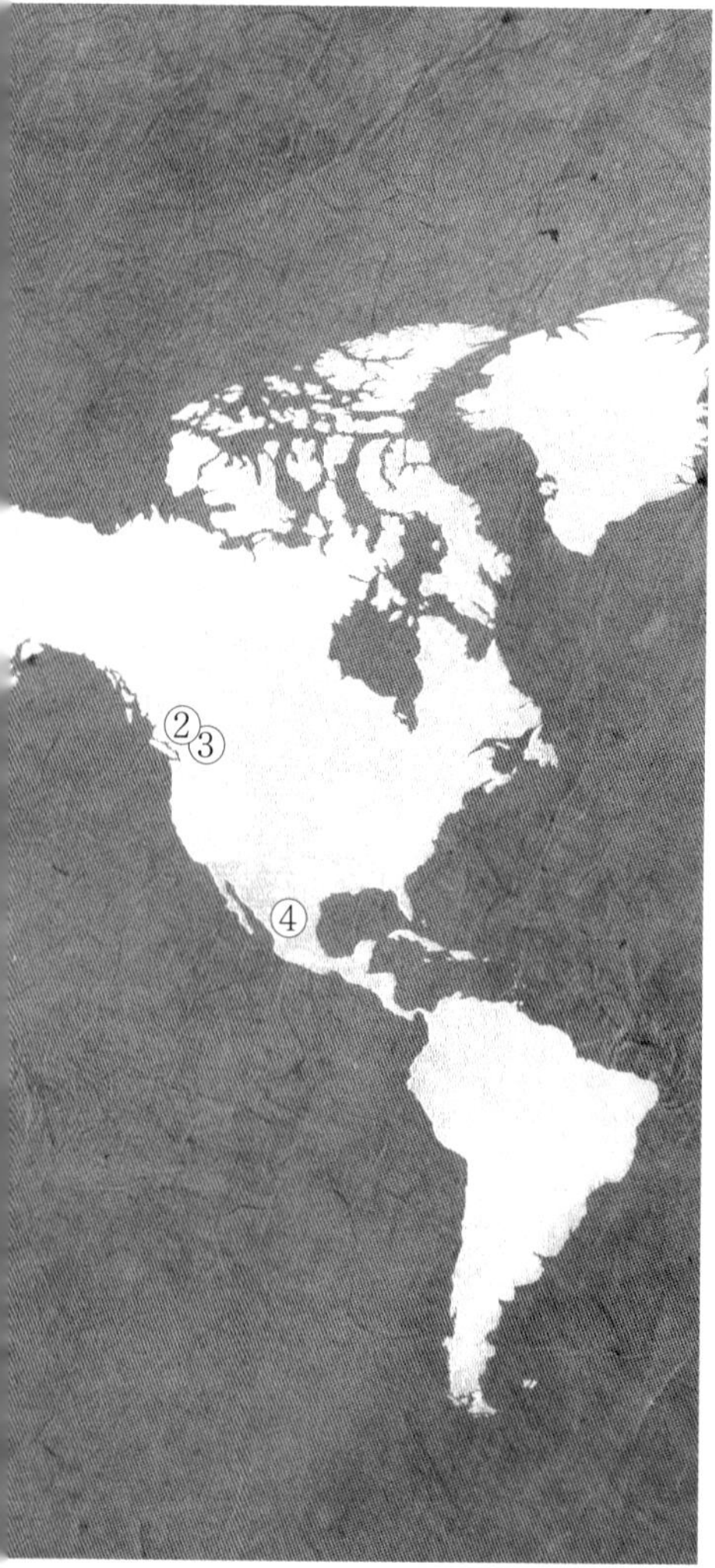

[旅の順路]

01　タイ

—

02　カナダ

03　アメリカ

04　メキシコ

—

05　リトアニア

06　ラトビア

07　エストニア

08　ドイツ

09　デンマーク

10　イギリス

—

11　インド

12　ネパール

13　ベトナム

14　ラオス

15　タイ

16　韓国

7
6
5
9
10
8
16
12
14
15
11
1
13

アジア

細かなスケジュールは何も決めないまま、ひとまずタイに向かう。これまでにアジアから出たことがないので、最初からヨーロッパやアメリカに行くのは怖くてタイで少し海外に慣れてから、東回りで世界一周をする予定だ。日本を出て最初に降り立つ地は、バンコクだ。

タイ
二〇一九年 三月一九日 - 四月五日

ここから旅が始まるんだなと、
ようやくわくわくしてきた。

―

始まりの国、タイ

二〇一九年三月一九日。関西国際空港から、タイ・バンコク行きの飛行機に乗り込む。「世界一周をしながら、各地の紙を見る」と決めて退職願いを出してから半年が経ち、いよいよこの日が来てしまった。旅の目標は、三〇〇日の旅を続けること、毎日日記を書くこと、そして何よりも、旅を楽しむこと。小さな好奇心を抑えられずに勢い任せに始めてしまった旅だけど、せっかくお金と時間をかけて行うのだから楽しく実りあるものにしたい。

「世界一周に行く」と話すと海外に慣れていると思われるけど、全然そんなことはない。海外は二年ぶりだし、一人で旅したのはネパールの十日間の旅だけ。文系だけど英語は苦手、と世界一周に出るには心配になる要素ばかり。三〇〇日も旅を続けられるのかな……タイに着いたらまずはどこに行こう……と思考を巡らせながら離陸を待っているうちに眠ってしまったみたいで、気づけば上空にいた。なので、日本を発った瞬間の記憶はない。この図太さがあれば、何とかなりそうな気もした。

バンコクの空港で入国審査を済ませ、バックパッカーの聖地とも呼ばれるカオサン通りにバスで向かう。飛行機を降りて「世界の紙を巡る旅」で最初に触れた紙は、バスのチケット。小さな正方形の紙に、青色でタイの丸っこい文字、印刷、バスのスタンプ、ナンバリングと好きな要素が詰め込まれている。ここから旅が始まるんだなと、ようやくわくわくしてきた。

バスを降りて歩き始めてから「あれ、なんか暑すぎる」と気づく。それもそのはず、気温八度の日本から、気温三二度の場所に来たのだ。持ってきたTシャツとパンツすら暑くて、カオサン通りに並ぶお店を回って薄手の赤いワンピースを買う。マネキンが着ている時にはかわいく見えたのに、わたしが着たら金太郎の腹掛け姿にしか見えなかった。しゃくだったけどとても涼しくて、その後もアジアの暑い国にいるときや、ヨーロッパで海に行くときは、この金太郎ワンピースを愛用することになった。

カオサン通りの近くを歩いて回り、どこかに紙ものは売っていないかとお土産屋さんを覗く。いくつかのお店で、布張りの表紙に、金属か何かで作られた象が縫い付けられたノートを見かけた。それにしてもカオサン通りは賑やかで騒々しくて、疲れてしまう。しばらく滞在するつもりだったけど、紙の工房があるチェンマイに行ってしまおう。

タイに着いた翌日、バンコクからチェンマイに

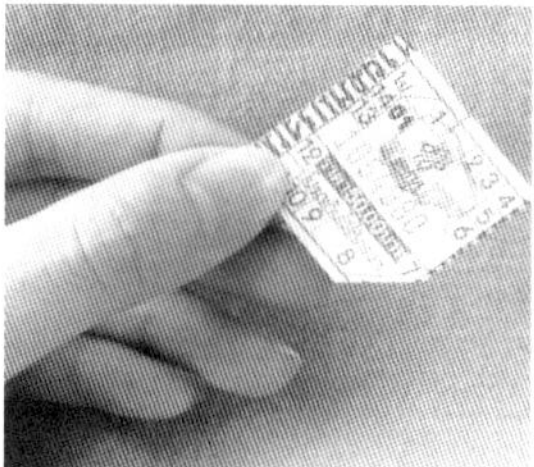

左はバンコクからチェンマイに向かう寝台列車のチケット。右はカオサン通りへ向かうバスのチケット。紙のチケットには国や地域の個性が見える。

向かう寝台列車のチケットを予約した。ガタゴトと一二時間揺られると、古都チェンマイに着くらしい。意外と冷房が効いている車内で、もらったチケットを眺める。チケットっていろんな要素が詰まっているなと思う。紙の質感に、印刷されていた文字、チケットセンターで印字される文字、スタンプ、スタッフのペンで書かれた印、切り取り線に丸い穴。一枚の紙にいろんなことがつまっている。

寝台列車で移動した先のチェンマイでは、いくつもの心動かされる紙ものや手仕事の現場に出会うことになる。「旅の始まりからこんなに楽しい出会いがあってよいのだろうか、なんだかもうタイだけで満たされてしまった」と、ここで旅を終えてもいい気分になるほど、素敵な人と場所に出会った。

紙漉き村と傘の村

タイで二番目に大きな都市チェンマイに到着した翌日、タクシーに乗って Ton Pao Village という紙作りが盛んな村に向かう。チェンマイの旧市街地から車で一五分ほど離れたところにあるこの村のことは、タイの手漉き紙に関する論文で知った。日本で入手できる観光案内本を読んでも、その国のどの地域で手漉き紙が作られているのか記載されていることはほとんどない。バックパッカーと言えど紙を求めて旅をしている私にとっては、『地球の歩き方』よりも日本語や英語で検索した手漉き紙（handmade paper）に関する論文の方が、向かう先を示してくれる明確な案内書となる。

「サワディカー」（タイ語でこんにちは、の意）の挨拶が飛び交う通りを曲がると、紙の問屋や紙漉きの工房が数軒おきに現れる。庭を覗くと紙を漉いた木の枠がいたるところに並べて乾かされ、その枠を集める人、剥がす人、紙を漉く人の姿が見える。ここは紛れもなく、紙の村だ。まだこんな地域が存在していたのか！と胸が熱くなる。

作っている人たちに聞きたいことはたくさんあるのに、タイ語が話せず言葉が通じないことがもどかしい。ただひたすら紙が漉かれ乾かされ装飾されていく様子を眺めながら、この紙はどこまで旅立っていくのだろうかと想像する。

気温は四〇度近く、とにかく暑い。車とバイクの音にまみれ熱気に包まれたこの場所から、「世界の紙を巡る旅」が始まるのだ。三〇〇日の間に、いくつの紙工房に行けるだろう。何人の紙の作り手に会えるだろう。どんな紙ものと印刷物を見つけられるだろう。

Ton Pao Village に向かう途中、驚くような美しい光景に出会った。傘の村 Bo Sang Village だ。この村は多くの観光客が滞在する旧市街から東に一五キロ離れたところにある。傘の骨が村の中にずらりと並べられていて、舗装もされていない地面に傘の骨の影が映り一つの大きな模様のように見えた。タイの強い日差しを受けて濃い影を落とす竹製の傘の骨を眺めながら「これだから手仕事を巡る旅は楽しい！」と喜びを噛みしめる。

村の入り口にある工房には、ろくろとナイフを使って木から傘の柄を切り出す人、竹を細く割って削る人、穴を開け紐を通して組み立てる人、紙を漉く人、骨に紙を貼る人、傘に絵付けをする人。作る人たちは慣れた手つきで、談笑しながら数分でひとつの工程を終え、また次の材料を手に取る。

同じ作業を繰り返してきたからこそなし得る、無駄のない動きを見るのが好きだ。

(上) 竹でできた傘の骨に糸を張った状態。ここに紙を貼り付けて絵付けをして、傘が完成する。手仕事の途中の過程にも美しい光景がある。
(下) 紙漉き村の日常。この光景が、どうかこれからも続いていきますように。そのためにわたしにできることを探し続けている。

考えることもなく動く手の流れは「手習い」の跡が見えて、彼らにとって傘を作ることは、私たちが本のページをめくったり靴紐を結んだりするくらい容易い動作なんじゃないかと思えた。

頭の中で手仕事について考えると、価値や意味、後継者不足、みたいな難しい話に行き着いてしまう。だけど、もっとシンプルな気持ちで接してもいいはず。見惚れるほどなめらかな手の動きや、未完成なまま積み上げられていても美しい形や、工房で飛び交う明るい声。作っている場所を見ると、ものづくりの過程の中に心惹かれる要素がいくつもあることに気づく。手仕事のものを継いでいくことは、ものや技術だけではなくて、情景や時間の美しさも残すことになるんじゃないかと思う。

手で触れて初めて実感できること

タイでは、Saa Paper（サーペーパー）と呼ばれる手漉き紙がいたるところで売られている。これはサーあるいはマルベリーと呼ばれる桑科の植物を原料に作られた、凹凸のある柔らかな紙だ。お土産用のノートやラッピングペーパー、ランプシェードに加工されたさまざまな色のサーペーパーを購入することができる。サーペーパーは学生の時に、紙の研究をしていたから名前だけは知っていたけれど、実際に手に取るのは初めてのことだった。

今回、チェンマイの近くにあるHQ Paperの工房で紙を作る体験をさせてもらった。原料の加工の仕方を教わり、漉き方のお手本を見て、二時間の体験時間内で好きなだけ紙を作れるというプラン。体験費は八〇〇バーツ(当時で約二八〇〇円)だ。チェンマイ旧市街周辺のホテルからのピックアップも行ってくれて、日本語で説明をしてくれるので英語が苦手でも安心して参加できた。

紙が紙になる前は繊維で、繊維になる前は木。そんなことはとうの昔に知っていたはずなのに、日本の作り方とは違う「溜め漉き」での紙作りを初めて体験してみて、今まで味わったことのない感覚に衝撃を受けた。

それは、「紙の繊維に触れている……!!」という実感。普段はシート状の平面として捉えている紙が、一本いっぽんの繊維からできていることを、身体を通して感じた。お手本の漉き方を目で見ただけでは感じられなかった。出来上がった紙に触れただけでも知ることができなかった。自分の手で作ってみて初めて、紙が繊維の結びつきであること、こうして「できている」ことを、実感した。

紙漉き体験の場には日本人の女性の方がいて、少し話をした。彼女はタイが好きで、紙漉き体験に参加するのは三回目。タイで紙を作る時間は「ヒーリングのよう」と言っていた。紙の繊維の流れや濃淡を感じて、無心になるらしい。人の手で作られたものには、作った人の身体的感覚が宿る。その感覚は、作り手の心や感性に少なからず影響を与えているように思う。手仕事をなくすことは、人が身体で感じ取る機会を失うことにも繋がる。わたしは、「身体で感じる」その力を見くびっていた。

この手は、指先は、ものすごい感覚を持っている。

チェンマイで出会った「売ること」と「作ること」

チェンマイのマーケットを散策した帰り道のこと。小さな椅子の上に、アンティークの木片に白字で「ＯＰＥＮ」と書かれた看板が置いてあるお店を見かけた。窓から中を覗くと、どうやら雑貨屋さんらしい。

そういえば、タイに来てからエスニック雑貨以外の雑貨店を見かけていなかったので、どんなものが売られているのだろう？　とわくわくしながらドアを開ける。パッと目に飛び込んできたのは、活版印刷機とゆるいイラストのポストカード。「こんなにかわいい紙ものがタイで見つけられるなんて！」と興奮しながら手に取ると、「そのカードはわたしが絵を描いて、この活版印刷機で印刷したの」と店員さんに話しかけられる。詳しく話を聞いてみると、その方はイラストレーター、デザイナー、藍染め作家として活動しながら、友人と共同でお店を運営しているそう。紙ものはもちろん、アクセサリーや服も素敵なものばかりが並んでいる。

中でも心を奪われたのが、手製本のノートだ。見たことのない綴じ方と色鮮やかな表紙で、背表紙も中身も美しい。このノートを作られた方の工房がチェンマイのターペー門の近くにあると教えてもらい、次の日に訪問することにした。セレクトショップを起点に、その地域で活動している作り手に繋がること。わたしが雑貨店で働いていたときに実現したかった状況が生まれていて、感動した。翌日、教えてもらった工房に向かう。行き先は、製本作家さんDibdee Binderのアトリエ。旧市街の入り口のターペー門付近にあって、セレクトショップとカフェが隣接したところで、とても雰囲気がよい。彼女らは、もともと建築関係の仕事をしていたけれど、手製本作りの楽しさに惹かれ、作家活動を開始させたという。

なんと、ちょうど次の日曜日に製本体験のワークショップを開くと聞き、迷わずに申し込む。体験ではまず表紙のコラージュからスタート。彼女たちが集めているたくさんの紙から選ばせてもらえる。午前午後と体験をして、気づけば六時間。自分が作ったものをこんなにも愛しく思えたのは生まれて初めてで、「もっと作りたい」という気持ちがじんわりと広がっている。

紙を綴じれば本になる。当たり前のことだけど、自分で作ってみて初めて実感した。ちょっと大げさな言い方になってしまうけれど、自分の力で本を作れるとわかったとき「紙いちまいでできること」の可能性がわたしの中でぐんと広がった。「紙いちまいでできること」はわたしが「kami/」として紙にまつわる活動をするときのコンセプトでもある。たった一枚の紙の存在や工夫によって生み出せることがあると信じている。紙を使ってわくわくできることは、まだまだたくさんある。

これからたくさんの紙に触れて、さまざまな形と色を目にして印刷も製本も深く知って。日本に帰ったら、一つひとつ形に落とし込みたい。早く帰って作りたい気持ちと、もっとたくさん見て回りたい気持ちとどっちもある。

わたしはこれまで、紙が好きなのに、漉くこともデザインすることも選べなかった。そのことにずっと引け目を感じていたけれど、わたしは綴じたいのかもしれない。憧れの職人さんが漉いた紙を、大好きな人が描いた模様やデザインした形を、綴じたいのかもしれない。それはそれで新しい戦いが始まるのだけど、勝ち負けも数字を超えたところも受け入れられる気がする。

そんなことを思いながらアトリエで製本体験を続けて、全部のページを綴じ終わったあと「もっと美しくする方法を見せるね」と言って教えてくれた仕上げ。背表紙から見える針の穴を覆うように、一か所ずつ玉結びしていく。彼女が作った本を見てわたしが「美しい」と感じたのは、こういう一つひとつの積み上げなのだと胸が熱くなる。手仕事のものは美しい。その小さな違いに気づける感性や目を養っていきたいと改めて思う。

（上）チェンマイの雑貨屋さん。お店の真ん中にある活版印刷機。版の元となるイラストは、店主が描いたそう。
（下）背表紙に見える針の穴を隠すため一か所ずつ玉結びをする。奥が玉結びをした後、手前がまだ針の穴が見える状態。美は細部に宿る。

4. 漉き
木の枠の中に原料を流し込み、均一になるように手で混ぜる。

⑴ 日本の手漉き紙の作り方と、この過程が一番違うところ。水に浮かべた木の枠の中に原料を流し込み、均一になるように手で混ぜる。手でバシャバシャとかき混ぜ、枠内全体にサーを広げる。

⑵ ある程度拡散させたら、縦、横と掻いていく。水に指を入れすぎると引っかかるため、ほんの少し触れる程度。繊維が均一に拡散できたら、水面を手の平で叩いて表面を均す。

⑶ 注文に応じて工房の庭で摘み取ったばかりの色鮮やかな草花を漉きこんだり、染色した紙の繊維を混ぜることもある。この装飾次第で紙の雰囲気が変わるので、同じサーペーパーでも美しい印象のものもあれば、にぎやかな印象のものもある。

5. 乾燥
木枠ごと約 45 度の緩やかな角度で立てかけて乾燥させる。
気温が高い（35 度以上）ため、だいたい 1 日で乾燥する。凹凸のある表面になるので、筆記性を高めたいときや滑らかな仕上がりにしたいときは、乾燥させる前に網の裏側から掃除機で水分を吸い取る。

[サーペーパーの作り方]

1. 刈取

サーという植物の木を刈り取る。

生え始めて1〜2年の若いものを使うことが多いそう。成長が早く、1年で高さ4〜5メートル、直径8センチくらいに育つ。

4〜5年経ったものは良い繊維が取れず、育つ過程で傷が付くことも多いためあまり使わない。

サーを刈り取ってすぐに皮を剥ぎ、外側の黒皮を取り除く。

サー自体はチェンマイ各地に自生しているので、何軒もの農家が仕事の合間に刈り取り皮を剥ぎ、原料業者に売っている。乾燥して束ねられた状態の原料が紙の工房に届き、工程の2から工房での作業が始まる。

2. 煮熟

まずは皮を大きな釜で8〜10時間煮て柔らかくし、漂白剤で白くする。

3. 叩解

ビーターという機械で、繊維の束をほぐし細かく砕く。

一枚の紙の厚さが均一になるよう、原料の重さを一定量にしてまとめる。

ボール状のひとかたまりで、一枚分の紙の原料だ。この段階では重量の30% が原料、70% が水分だそう。

コラム01
「手漉き紙を残すために、わたしは何をすればよいか？」と考えた結果、雑貨メーカーに勤めた新卒時代

紙が好き。中でも手作りの紙が好き。なるべく、好きな紙を残していきたい。そのためにわたしにできることがあれば、したい。

大学での研究や一人旅を通して紙への思いが強まっていたわたしは、当時その思いだけを頼りに就職活動をした。どんなに自己分析をしても、いろんな分野の企業の説明会に行っても、変わらなかった。思考の行き着く先はいつも「手仕事」「紙」「文化」「地域」だった。ただ紙を残すために何かしたいと思っても何をすればいいいのか想像もつかなかった。紙が関わる領域はとんでもなく広いし、一番好きな手漉き紙だけに絞って仕事を探しても、紙や手仕事をとりまく状況を変えられる気がしない。

紙に関わりたいけど、紙だけには絞りたくない。ものづくりの始めから終わりま

でを感じたい。できれば、国内を旅した中で「ここで暮らしたい！」と感じた数少ない地域、倉敷か金沢の企業がいい。そんなことを考えて、岡山県で雑貨の製造と小売を行う会社に就職した。

わたしが配属されたのは、雑貨の小売を行う店舗。毎日に小さななにかをもたらしてくれるモノや道具を集めたセレクトショップで、月替わりの企画展の運営、文具コーナーの商品選び、作家さんとのやり取り、ディスプレイ、レジ打ちや接客、検品。小売店の中で必要な業務を一通り経験した。

「どんなものが今、売れているのか」「どんなお客さまがどんなものを求めているのか」というお客さまの反応を肌で感じながら「じゃあ、どんなものを仕入れたらいいのか」「どんな企画をしたら喜んでもらえるのか」を考える仕事に携わってみて、店舗での小売販売の面白さと楽しみと、苦労を知った。

岡山という地方の小さな雑貨店で二年間働いて思ったのは、「小さなことでも、ひとつずつ丁寧にちゃんとやるのが大切」というなんだかすごく当たり前なことだった。小さなお店の企画展を、楽しみに訪れてくれる人がいる。少しめんどうだと思ったことをちゃんとやってみたら、気づいて褒めてくれる先輩やお客さまがいる。反対に、手を抜いたり適当にしたら、伝わる人には伝わってしまう。好きな作家さんに好きなところを伝えたら、喜んでもらえる。お仕事を辞めてからも、お店で作品を販売させていただいたり、そんな繋がりが続いたりする。

そんな小さなひとつずつを、自分の中で誇れるくらいちゃんとしていくことで自分も満たされるし、周りの人も喜んでくれる。企業の中で効率や利益を求めながらも、それだけに偏らずに気持ちが満たされる働き方をさせてもらえたのは、とても幸せだったなと思う。

地方のゆるやかな時間の中で、小さなお店で、だからこそできることや叶うものもある。

身軽に旅したい。
だけど、一年分の旅の記録を
一冊にまとめたい。
そして、できることなら
旅の記録はその地の紙に記したい。

タイで製本を体験したとき、
それを叶える方法にようやく会えた！
とうれしくなった。
いつか、旅先の日記をその土地の紙に記し、
製本を請け負うサービスを
作れたらいいなと思う。

北米

カナダのバンクーバー、アメリカのポートランドにはそれぞれ数日間だけ滞在した。北アメリカを語るには短すぎる滞在期間だったので、どちらも再訪したい国リストに加わることになる。これまでに見てきたアジアのものづくりや手漉き紙とは大きく異なる文化に、初めて触れた。

カナダ

二〇一九年 四月五日‐四月一〇日

ああ、ここは日本じゃないんだなと改めて思う。

―

初めてのアジアの外

タイのチェンマイから飛行機に乗って二回乗り継ぎをして、五二時間。行き先は、カナダ・バンクーバーだ。中国・成都で本日二回目の乗り継ぎの飛行機を待ちながら、「わたしはあんまり世界一周向きじゃないよな」と思う。冒険よりも、研究が好き。移動は好きだけど、安心してゆっくり眠れる場所があってこそ。汚い水質のシャワーで髪の毛が痛むのはとてもストレスを感じる。

それにしても、朝の九時に中国を発って一五時間飛行機に乗って海を渡って、同じ日の朝九時半にカナダに着くのが不思議だ。理屈はわかっても、どういうことなのか全然わからない。実は、人生で初めてアジアを出る。初めての北米とヨーロッパ。一体どんな時間が流れているのだろう。

バンクーバーの空港から外に出て、タイとの風景の違いに驚く。タイでは運転手との値段交渉から移動が始まったけれど、ここではスカイトレインと呼ばれる電車が通り、電子カードで料金が支払える！ 本当に同じ二〇一九年なんだろうか？ と疑いたくなる。電車に乗り予約していた宿の最寄り駅で降りて、一〇分ほど歩く。日本と同じくらいの気温なのか、今年は見られないと思っていた桜が咲いている。チェックインした後、宿のおじさんが地図を見せながら宿の周辺の説明をしてくれる。「ここから西に三本移動した通りは、バンクーバーで一番危険な通りだから絶対に通っちゃダメだよ。通ったら雰囲気でわかると思うけど、大麻を勧められたり殴られたりするからね」とさらっと言われる。あぁ、ここは日本じゃないんだなと改めて思う。

荷物を降ろした後、他の宿泊客に誘われてコストコに行く。人生初のコストコへ、まさかカナダで行くことになるとは。夜ご飯にみんなで買ったお肉を食べていると、わたしの手のひらよりも大きなネズミが床を駆け抜けていくのが見える。安宿だから仕方がないけれど、ここには長居したくない……。みんなが話す英語も早口で、言っていることの一割しか理解できなくて泣きそうだ。

明日からの五日間の滞在期間で行きたい場所を効率よく回って、早く次の場所に向かおう。カナダでは、もともと楽しみにしていた場所があったのだけれど行ってみると、日本でも手に入りそうな紙ものや雑貨ばかりが並んでいる印象だった。せっかく世界の紙を巡って旅をしているのだから、そこにしかない紙や雑貨に出会いたい。評判やネットの情報を頼りにしているから、当たり外れもある。地道に、出会った人たちに聞いてみたり、街を歩いてみたりしながら、お店探しをするのも大切だと思いを新たにした。

バンクーバーでは古本屋にも立ち寄った。「外国の古本屋」という響きに、これまで何度心をくすぐられただろう。旅を始めて気づいたのだけど、雑誌や映画を見て知らず知らずのうちに募らせていた憧れが、わたしの中にはたくさん眠っていたようだ。

グーグルマップで検索して気になっていた古本屋「The Paper Hound

Bookshop」に足を運んでみると、選書もディスプレイも、ショップカードも栞も素敵なお店だった。一〇畳ほどのこじんまりとした店内は、壁の上から下までびっしりと本が並び、経年変化で変色した古書独特の色合いの本もたくさんある。何を探すでもなく、背表紙を眺めて気になる本を手に取る。線画のイラストがかわいい本、フォントと文字組みが美しい数十年前の新聞。旅の道中に本を買ってしまったら荷物になると思いながらも、我慢できず厳選した数冊を購入した。次に訪れるときは世界一周じゃなくて、思う存分買って持ち帰ることができる旅がいい。

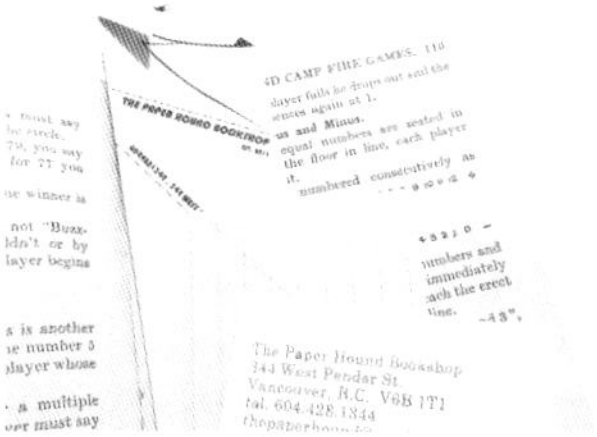

（左）古本屋で購入した本、ボーイスカウトのイラストがかわいくて、旅先から送る手紙にも使用した。
（右）栞になるショップカード。点線で折り曲げると、お店のシンボルである犬の形になる。

わくわくが詰まった場所

バンクーバーのメインストリートをぶらりと歩いて見つけたお店には夢が溢れていた。メインストリートはバンクーバーを二分する南北大通りで、レトロな建物が立ち並ぶ。通りに沿って雑貨店やお菓子屋、古着屋などかわいいお店がたくさんある中で、特に心惹かれるお店が二つあった。

一つ目は「The Regional Assembly of Text」というお店で、紙ものや文具が販売されていた。壁一面に並べられたポストカード、封筒、タイプライター、フィルム。パキッとしたビビットな青、オレンジ、黄、緑の封筒には、よく見ると初めて見る形の留め具がついている。レジの前にはタイプライターが並べられ、その奥には少し古びた書類ケースが積み重ねられている。

お店の奥には小部屋があり、制作者から寄贈されたZINEが展示されている。「一部ずつしかないから購入はできないのだけど、自由に手に取って見てみてね」とお店のスタッフが教えてくれる。小さなソファに腰かけて、気になるZINEをパラパラとめくる。手描きの文字や歪なデザイン、一般的なコピー用紙に刷って手縫いで綴じられたもの、どれも作りたくて作った感じが伝わってくる。小部屋の棚に四〇〇種類以上のＺＩＮＥが溢れんばかりに並べられている。すべてを読もうと思ったら、どれくらいの時間がかかるだろう。

お店のオリジナルポストカードと計り売りのラベルを購入して、お店を後にする。外観を目にした時からお店を出るまで、ずーっとわくわくし続けられる場所だった。家の近くにこんな場所があったら、手紙を送ったり紙を使ったりすることがもっと楽しくなるだろうなと思う。

もう一つは、ラッピング用品専門店「Urban Source」。わたしが購入したフィルムを袋に入れながら、お店のお姉さんが話してかけてくれた。「わたしも大好きな素材よ。光にかざして覗くだけで、想像が膨らむもの！」。

フィルムには小さくてかわいらしい家の模型が並んでいる様子が映し出されていて、プラスチックのケースに入れられていた。手のひらに収まる小さな枠の中に切り取られた一瞬から、どんな想像が広がるだろう。店内は、ラッピングペーパーやボックス、紐、紙の端切れ、ビーズや古い写真、何かのパーツなど、どのコーナーを見ても「なにこれ！　素敵！」と心ときめくものばかりが並ぶ。欲しいものを選りすぐって吟味しても、三〇点以上買ってしまった。けれど、お会計の金額を見ると、四五〇円くらいでびっくりした。「どう使おう、誰に贈ろう」とわくわくするものに出会える瞬間があるから、お店巡りはやめられない！　旅を始めて三週間が経ち、いろんな人に手に取ってほしい紙ものや見てもらいたいデザインをたくさん見つけた。早くも「個展を開きたい……」という気持ちがむくむくと沸いている。

Urban Source のレジカウンター。後ろに並べられた書類ケースと、手前の棚のタイプライターが堪らない。

やっぱり、活版印刷が好き

バンクーバーに滞在する最終日、市街地からは少し離れた場所にある活版印刷の工房Porchlight Pressへ向かう。ハイデルベルクの印刷機が並ぶ工房で、五人のスタッフが和気あいあいと作業している。突然の訪問にも関わらず、「よかったら作業の様子を見ていきなよ」と工房の中に案内してくれた。

活版印刷機を使って厚手のカードに刷ったものを互いに確認し合いながら、「めっちゃきれい！」「いい色！」「ここズレてるよ」などと言って、カードが作られていく。こんなに風通しの良い環境で作られたカードを添えて、ギフトを贈れたらいいなぁと思いつつ、作業を眺める。

Porchlight Pressでは名刺やグリーティングカードが主に作られている。工房の中には小さなショップが併設されていて、作られたカードなどをその場で購入することもできる。絶妙な色の濃さと凹凸のある質感にほれぼれとする。どんな人がどんな風に作ったのかを見た後だからか、大切な友人たち、贈る相手の顔を思い浮かべて選ぶのがいっそう楽しい。

わたしはやっぱり、活版印刷が好きだ。それは素材感があるとか完成した後の見栄えだけの話ではなくて、作られる過程そのものが楽しいからだ。

刷る人がインクを混ぜて調合し、紙の位置を調節し、一枚いちまいインクを版に塗り、紙に押しつける。手間がかかることなのだけれど、手間の中には作る喜びみたいなものも滲み出ている。今回訪れた工房で飛び交っていた明るい声を思い出す度、効率だけを求めずに、作る過程の楽しさを失わずにいたいと思う。

活版印刷の工房 Porchlight Press。工房には活版印刷機が並ぶ。インクの調合や紙の位置合わせの作業が賑やかに行われる。

コラム02
旅の持ち物

世界一周に行くと決めてから最初に調べたのは、「世界一周 費用」そして「世界一周 荷物」だった。国内の旅には慣れているとはいえ、三〇〇日の旅なんてしたことがなかったし、何か国も渡り歩く旅をするのも初めてだ。アジア圏から出たこともない。暑い国にも寒い国にも対応した荷物なんて、相当な量になるのでは……でもそんなに重い荷物も背負えないしなぁ……と最低限必要なものを調べて、荷作りをした。旅を始めてみると、意外と寝袋は使わなくて途中で捨ててしまったり、現地の服の方が涼しくて買い替えたりした。

旅先で購入した紙ものは、リュックとサブバッグに入るうちは詰め込んで、いっぱいになる度に海外から日本に郵送していた。インド、タイ、韓国、エストニア、ポートランド、イギリス、いろんな国から段ボールに詰め込んだ紙を送った。帰国したときのわたしの部屋には、一三箱の紙ばかりが詰まった段ボールが積み上がっていた。

アメリカ
二〇一九年　四月十日 - 四月一七日
ここに数年間住んでみたい。

―

クラフトマンの街

住みやすい街、クラフトマンの多い街、そして活版印刷所がたくさんある街と聞いて数年前から気になっていたポートランド。実際に訪れてみると、「ここに数年間住んでみたい！」と思うくらいよい場所だった。

バンクーバーからバスに乗り、シアトルを経由して七時間半。陸路でアメリカに入国する。陸路で入る場合にはＥＳＴＡとは別の入国許可証で対応してくれるらしく、国境で入国審査をして六ドルの許可証を購入する。うとうとしている間にポートランドの中心地に着き、バスを降りて宿に向かう。バンクーバーでの反省を生かし、安さよりもある程度の安全性を求めて宿を決めた。とはいっても、一泊四千円で他の宿泊者と同じ部屋を共有するドミトリールームだ。

停留所から宿に向かう道中、おいしそうなバーガー屋さんやブリュワリー、大規模の美術用品店、あらかじめチェックしていた紙もののお店が目に入る。早く荷物を置いて街を歩き回りたいな。一三キロの荷物を背負っているけれど、足取りは軽くなったような気がする。初めて訪れる街の空気を胸いっぱいに吸い込んで、視界に入る情景と耳に入るざわめきを味わいながら歩を進める。この瞬間が、旅の中でも特に好きだ。

「世界の紙を巡る旅」でこれまでに訪れた国では、紙の工房や活版印刷所、文具店、書店を中心に回っていたけれど、ポートランドでは紙に関係なく気になっている場所がある。そのうちのひとつが、リビルディングセンターだ。リビルディングセンターは、「手頃な価格で家を修復できるように」というコンセプトのもと、建物を解体する際に出る古材や扉、パーツなどを集めて販売したり、木工や金属加工、修繕が学べる教室を開講したりしている。扉だけでも何十枚も並んでいて、住んでいる場所の近くにこんな場所があればいいのにと思わずにはいられない。誰かが使った跡がある建具やパーツは、まだ使える寿命を全うするべくもう一度使われるその時をリビルディングセンターの中で待っているように見えた。新品ではないけれど、誰かのそれまでの日々を受け継ぐような楽しみがそこにはある。

ポートランドで出会ったのは、「新しさ」だけではない魅力を持ったものや場所。手漉き紙に通じるところがあって、この街の魅力を深堀りすれば手漉き紙のこれからに生かせる点がいくつも見つかる気がする。

ここで修行したい

厚手のコットンペーパーに、しっかりと押された活版印刷の凹み、インクの色、美しくて豊富なデザイン。ポートランドにある活版印刷所で刷られたカードを中心にした紙ものが並ぶ店内を見渡しながら、何度もため息をついてしまう。なんて豊かな場所なんだろう、Oblation Papers & Press というお店に、わたしは心を奪われた。

お店の奥に進むと、カリグラフィー用のペンにシーリングワックス、タイプライターなど手紙にまつわるもののコーナーがある。さらにその奥には、メッセージカード用の紙を漉く工房と、活版印刷のスタジオがある。今ここで作られている様子を見た上で製品を買えることの豊かさを噛み締めながら、カードを選ぶ。これまでに何度も手にしてきた、ありきたりな紙ものである「メッセージカード」に対して、こんなにもわくわくした気持ちを抱くなんて、思ってもみなかった。

紙にまつわるお店を自分で作る前に、ここで数年間修行したいなぁなんて思ってしまった。あまりにもこのお店が好きで、ポートランドに滞在した六日間で四回も通った。

わたしが頭の中で想像していた「いつか作りたい理想のお店」を超える場所に出会えた気がして、何度も店内を隈なく見て回る。自由に叩いてみることができる、古めかしいながらも美しく手入れされたタイプライターの音と感触が心地よく、パソコンとは違ってフォントや文字のサイズを変えられないその不器用さが愛しく思える。数十種類の活版印刷のカードのB品の詰め合わせ「スクラップパック」も売られていて、活版印刷好きにはたまらない。カードを添える場面を想像してなのか、リボンの計り売りコーナーもある。このお店で紙ものを買ったら、誰かに贈るその瞬間まで楽しい気持ちが続いていくだろうなと思う。カードを設計する人とお店を作る人の想像力がベースにあって、お店全体にもあたたかい配慮が行き届いている。

ポートランドにはものづくりの土壌があり、古きを知りながら新しいことを始められる場所だと感じた。

ものづくりに触れながら

ポートランドの文具店や紙もののお店を巡っていて気づいたことがひとつある。活版印刷のスタジオがたくさんあるということは、活版印刷自体が珍しいものではなく、それだけでは差別化が図れないということだ。それぞれの工房がオリジナルデザインのカードを製作・販売していて、どれも個性的だが、よく見ると工房ごとの特徴がある。

数ある活版印刷のカードの中でも一際目を引いたのが、Lark Press のカードだ。

活版印刷の文字の上に水彩絵の具でハートが描かれている。一点一点色付けされているので、どれもハートの形や色が違う。後日スタジオ兼ショップでスタッフの方と話をして、ますますこのカードが好きになった。

「デザイナーさんがこのカードを作ってきたとき、なんてかわいいの‼ と興奮が止まらなかった！ 活版印刷に、一枚ずつ絵の具で塗っていくっていうアイデアの組み合わせなんて、どうやったら思いつくんだろう！」。

印刷の技術があるのはもちろんのこと、デザインとアイデアの素晴らしさ、そしてそれを売る人の紙への愛を纏ったこのカードは、わたしが目指すべきものづくりの姿勢を思い出させてくれる。

それから図書館にも行ってみたのだが、「ＤＩＹ精神がここにも！」と驚いた。図書館の一角にＺＩＮＥのみを収蔵している書架と、ポートランドで作られたＺＩＮＥだけを集めた棚があったからだ。

その棚に収められた本のページをパラパラとめくる。本文がすべてタイプライターで打たれている小説や、コラージュ中心の構成の本、トレーシングペーパーと地図を組み合わせためくる楽しさがあるポートランドの案内本など、個性的なZINEがたくさんある。誰にでも開かれた場所・図書館で、商業出版ではない本や雑誌をゆったりと読めるのは、とても豊かなことに思える。本とは、綺麗に均一に作らなければならないものでなく、もっと自由に自分の手の届く範囲の道具や方法を使って、伝えたいことを形にしてみるための身近な手段でもある。それを体感できた。

この図書館は、ものづくり関連の本も充実している。紙作りの本もこれまでに訪れたどの図書館よりもたくさん揃っていた。『PAPER MAKING』というタイトルの本だけでも数冊あり、中には野菜を茹でてハンマーで叩いて作る「Vegetable Papyrus」の製法が掲載されている本もあった（これはもはや紙ではなく、ドライポテトや乾燥したきゅうりなのでは……？ とも思うが）。

数日間、ポートランドの街を歩き回って、この街でものづくりができたらとっても楽しいだろうなと思った。ポートランドにいれば「ものづくりに適した環境はどんなものか」という問いの糸口がいくつか見つかるような気がしている。

（上）修行したいと思ったOblation Papers & Press。タイプライターは自由にたたくことができる。
（下）図書館にあったZINE専用の棚。ポートランドではZINEの制作が盛んで、アメリカ最大級のZINEの販売会「ポートランド・ジン・シンポジウム」も毎年行われている。

コラム03
三〇三日の旅路の決め方

勤めていた会社に退職願いを提出したのは、二〇一八年六月のこと。新卒二年目だったわたしは、学生時代に研究していたネパールの手漉き紙の鮮やかさが忘れられず、後先を考えずに「半年後に退職して、世界一周・手仕事の現場を巡る旅に出ます！」と上司に伝えていた。会社の会長がちょうど自転車でアフリカ横断をしていたり、会社でも海外の雑貨メーカーとの取引があったりと「世界を旅する」ことへの理解があって、「退職じゃなくて休職にしましょう、いつでもいいので帰ってきたら復職できるようにしておきますね」と言っていただけた。正直、少しくらいは引き止められて旅に出るのを躊躇してしまうかも、と思っていたのだけど、引き止められるどころか背中を押されて、引くに引けなくなってしまった。

それから半年が経って、準備期間はあったはずなのに、会社を退職する一月まで旅の行き先やルートについての計画も英語の勉強もせず、送別会で呆れられた。それから二か月、図書館で借りた地球の歩き方を読み漁り、手漉き紙に関する文献を調べて巡りたい国をリストアップした。出発の段階で行きたかった国は二五か国。結局行き先は旅をしながら調べたり現地の方に教えてもらったりして決めた。

旅をしながら次に行く国のことを調べ、計画を立てるのは初めてだったので、最初はすごく戸惑った。Wi-Fiがある場所でしか使えないiPhoneとiPadを頼りに、紙の工房やお店を調べて、行き方を調べるのは難しかった。特にメキシコの途中までは短期間の滞在で駆け抜けていたため、旅をしているのか次の国への準備をしているのかわからないような状態だった。

旅先で目的地を探すときにわたしが活用していたのが、みなさんご存知のグーグルマップ。このマップはもう本当にすごい。どんな国でも「Paper Factory」で紙の工房、「Stationary Store」で文具店、「Letterpress Studio」で活版印刷所が出てくる。検索して場所や工房の雰囲気、ウェブサイトを確認したら、あとはメールや電話でアポを取って工房を訪問させてもらうだけ。工房を見学させてもらって、周辺の地域や国の紙工房に繋がりがあれば紹介してもらう、ということを三〇〇日間ひたすら繰り返していた。

とはいえ帰国してから良いスポットを知ることもある。「えー、こんな場所もあったんだ！」と思うことも。例えば、ポートランドだとＺＩＮＥの制作を支援する非営利団体の施設「ＩＰＲＣ（インデペンデント・パブリッシング・リソースセンター）」の存在を知り、何時間も悔しい気持ちが消えなかった。ＩＰＲＣはスクリーン印刷、装丁、活版印刷など、ＺＩＮＥ出版のためのツールを提供する作業所で、制作のための講座も定期的に開催している場所だそう。

旅を終えてから知った場所にはグーグルマップで「行きたい場所」のピンを立て、次の「世界の紙を巡る旅 vol.02」で訪問しようと目論んでいる。

メキシコ

二〇一九年 四月十七日 - 五月九日

一人嘔吐に苦しみながら迎えた令和の日を、
わたしは一生忘れないだろう。

―

ふっと思い出す風景のある国

とっても怖い。なんかよくわからないけどギャングとかいそうだし、街は荒れてそうだし……。ポートランドからメキシコシティに向かう飛行機を待ちながら、ため息をつく。本当に行かなきゃだめかな、メキシコを飛ばしてヨーロッパに行っちゃえないかな。そんな憂鬱な気持ちを抱えながらもメキシコを目指す理由は、どうしても見たい紙があるから。わたしがこれまでに見てきた漉いて作る紙とは違い、叩いて作る紙アマテ（Amate Paper）がメキシコにはあるらしい。

珍しい紙の存在に惹かれて、それ以外の部分に対しては消極的な気持ちで訪れたメキシコだったけれど、いざ訪れてみると、この旅の中でも一、二を争う印象的な国になった。旅を終えた今でも、ふっと思い出すメキシコの風景がある。それはメキシコシティから四六〇キロメートル離れたオアハカに向かうバスの車窓からの景色だ。

サボテン、砂漠、崖、サボテン、数本の木、砂漠、と荒漠とした土地が見える限りずっと続く中に、時折ぽつんと小さな集落が現れる。こんなかさついた土地にも人の生活があって、文化が育まれていると思うと、不思議な気持ちになった。どんな場所なら、何があれば、人は生きていけるのだろう。

この日はわたしの誕生日で、「まさか二五歳の誕生日をメキシコで迎えるなんて、一年前には想像もしていなかった」と少し感傷的になる。日本は一週間後に平成が終わり、新しい元号「令和」になるらしい。そのことについて直接誰かと話すこともないので平成が終わる実感はないが、友人たちの投稿を見る限り、どうやら本当に時代が変わるらしい。「平成最後の」と銘打たれたイベントが日本各地で開催されるのを流し見して、メキシコにいるわたしにとっては、いつも通りの旅の一日になるのだろうなと予想する。

そして迎えた令和最初の日、SNSに友人の結婚報告が相次ぐ中、わたしは一人メキシコのトイレで吐いていた。昨日食べたパンかチーズか、はたまたココナッツジュースのせいなのか。もしかしたらタコスの食べ過ぎなのかもしれないが。あと数時間で令和、とタイムラインが盛り上がり始めた頃から嘔吐が止まらず、ベッドとトイレを往復している。とりあえずめちゃくちゃ苦しくて、身体が熱い。誰にも日本語が通じないホテルで、「もう嫌だ帰りたい……」と何度も呟いた。

知らない土地で、ましてや言葉もろくに伝わらない場所で体調を崩すのはあまりにも辛すぎる。これからは人に優しくしようと思った。それでも、心の片隅にはこの状況を喜んでいる自分がいて「なんでやねん」と毒づいた。苦しい思いをしたくなかったら世界一周なんてしていない。つくづく、人の心や感情は難しい。メキシコで一人嘔吐に苦しみながら迎えた令和の日を、わたしは一生忘れないだろう。

記すためでも、描くためでもない摩訶不思議なメキシコの紙アマテ

紙とは、何なのか。

メキシコのアマテを目にしてから、何度も抱いた疑問だ。紙の繊維を編みこんだり叩き潰したりして作られるアマテは、果たして紙といえるのだろうか。紙の定義に則れば、アマテは紙とはいえない。用途も、文字を記すよりも壁に飾られたり呪術の装飾に使われたりすることの方が多いらしい。メキシコの山奥に住むオトミ族によって伝承されてきた、一般的な紙の用途からは外れた紙アマテに出会えたことが、この旅の一番大きな収穫だと思っている。

わたしがアマテの存在を知ったのは、東京にある紙の博物館の展示室だった。漉いて作る紙とはどこか質感が違うように見えて説明文を読むと、メキシコで繊維を叩いて作られている紙で「アマテ」と呼ばれているとわかった。パピルス以外にも叩いて作る紙があるんだ！　と驚き、メキシコに住んでいる友人に連絡を取って工房の場所を調べてもらった。

友人からは「メキシコに住んで三年になるけど、アマテなんて聞いたことなかったし、メキシコの人に聞いても知らない人が多かったよ」という答えが返ってきて、大々的に継承されている工芸ではなさそうだと予想する。ネットを検索しても英語で書かれた情報があまり出てこなかったから、わたし一人では工房まで辿りつけなかっただろう。スペイン語が堪能な友人が根気強く調べてくれてようやく工房のある村がわかった。メキシコシティからバスを二回乗り継ぎ、タクシーに乗り換えて山の中を進み、アマテを作るオトミ族の村を目指す。タクシーの運転手にアマテの工房に行きたいと伝えると、この村はアマテ作りとビーズ細工で生計を立てている人が多いと教えてくれた。工房の前の道にタクシーが止まると、一〇歳くらいの女の子三人が駆け寄ってきて巻かれた厚手の紙を売ろうとしてくる。どうやらこれがアマテらしい。「あとでね」と振り切り工房の中に入ると、身長一五八センチのわたしよりも小柄なオトミ族の男性が出迎えてくれた。

友人に通訳をお願いしてアマテを作る工程が見たいと伝えてもらう。工房の脇に植えられたアマテの木を指差しながら、原料の加工の方法から紙の叩き方まで体験させてもらいながら、詳しく教えてもらった。

アマテを作る工程を一通り教えてもらいながら、アマテの歴史や元々の用途、手仕事の紙を受け継いでいくことへの思いを尋ねる。

今ではのっぺりとしたシート状の紙に絵を書いたり、細かい編みの装飾を施して壁に飾ったりすることが多いアマテだが、元々その用途で作られていたわけではないらしい。以前は、呪術の儀式の際に飾りとして使う切り絵を作るための紙として作り方が伝承されてきたそうだ。しかしそれでは現金収入を得ることが難しかったため、観光客向けのお土産としてのアマテが作られるように変化した。

説明の途中で、職人さんの一〇歳の娘が道具を持ってきてくれる。彼女はアマテ作りを父に習い、工程の一部を手伝っているらしい。男性に「娘にアマテの職人を継いでもらうつもりなの?」と聞く。「この村で生きていくなら、他に収入を得る手段がないから継いでもらうしかないけれど、村の外にはもっと収入が高い仕事があるから外に出た方がいい」と答えが返ってくる。アマテが今後も続いていくかどうかの基準が「お金になるかどうか」にかかっているのはなんとも悲しいけれど、そこに生活がかかっている以上どうしようもない。

「世界の紙を巡る旅」そのものが楽しくて忘れてしまいそうになるけれど、手仕事の紙を残していくためには仕事として成り立つようにしなければならない。日本に限らず、タイでもメキシコでも同じこと。現実的に考えると解決すべき問題はいくつもあって、一筋縄ではいかない。だけど、だけど、だけど、こんなに美しくて摩訶不思議な紙をこれからの未来でも作り続けてほしいと思ってしまう。紙のことを伝える原動力はいつも、紙に出会った時の感動の中にある。

工房で見せてもらったアマテ。本来の用途である切り絵が施され、貼り合わされている。

紙がある景色が溶け込む街並み

「ソカロ」と呼ばれる広場の近くにも立ち寄る。ある場所に訪れる前と訪れた後で、場所やものに対する印象が違うことは珍しくない。わたしにとってメキシコとメキシコの紙ものはそのひとつで、原色!! 大柄! タコス! というイメージがあったけれど、予想とは違う綺麗なデザインのものが多く驚いた。

ソカロの近くのカード専門店が立ち並ぶ通りは圧巻だった。繊細なウエディングカードの専門店がずらっと五〇軒ほど固まっているのである。立ち並ぶカード専門店を一〇軒ほど回ってみたけど、どのお店も似たり寄ったりな品揃えで、どうやって棲み分けているんだろう? と不思議に思った。

手仕事のものや食品が並ぶマーケットでは、メキシコの鮮やかな切り絵パペルピカド(Papel Picado)のお店が不意に現れて、「探していたのはこれ!」と嬉しくなった。紙を意味する「パペル」と切る行為を意味する「ピカド」をつなげたパペルピカドはメキシコのお祭りに欠かせない大切な飾りで、薄い紙を何十枚も重ねて、まとめてカッターで文字や柄にあわせてくり抜いて作る。けれど、マーケットを見るとビニール製のものが多い。屋外で飾られることが多いパペルピカドは、耐水性や耐久性の面からビニール製に変わっているらしい。

かつて紙が担っていた飾り包むことで目を楽しませたり礼儀を示していた役割が、ビニールやナイロンに置き換わって久しい。「昔は紙を使っていたけど今は……」という話を、何度も耳にした。その度に寂しい気持ちになる。時代が流れ、素材が新しいものに移ろっていくのは仕方がないことで、便利で簡単な方に向かうことが進歩なのだろうか。こんな風に紙にすがって手仕事を追い求める旅をしていると、自分の目指す先は本当にこちらでよいのか？　と、ときどき不安になる。

シウダデラ市場でパペルピカドの素材の変化に思うところがあったわたしは、自分が今身につけている青いワンピースのことを考える。オアハカのマーケットで買った真っ青なワンピースには、襟元に色とりどりの刺繍糸で手刺繍が施されている。ただ単に「かわいい！　人の手で一つずつ刺繍がされている割に安い！」と思って購入してしまったけれど、その模様が持つ意味やワンピースの生地の産地をわたしは知らない。きっと、わたしが深掘りしていないいろんな手仕事のものにも素材や製法、工程や担い手の変化が断続的に起こっている。

用途と完成品の形を変えながらも原料と製法は変わることなく続いてきたアマテと、形は同じまま素材が移り変わりつつあるパペルピカド。それぞれの作り手の生存戦略と市場が求める価値が絡まり合って今に続いている。あるものを作り続けていくには、そのものをそのものたらしめる核は何なのか問う姿勢を忘れてはならない。

マーケットの食料品コーナーの天井に色とりどりのアマテが吊るされている。「Mercado Benito」（ベニト市場）の文字が切り抜かれたものも。

[アマテの作り方]

1. 刈取

アマテの木の皮を剥ぎ、乾燥させる。年に一度、新芽が出る頃に切る。枝が細すぎると少ししか材料が取れないが、育ちすぎても繊維が切れやすくなるから良くない。
木の皮を剥ぎ、外皮を除き内皮だけにして、3～4か月乾燥させる。じっくり乾燥させることで、樹脂が出る。

2. 煮熟・解く

4時間ほど煮込み、1日寝かせ、3～4回洗う。柔らかくてしなやかな繊維が良い。漂白剤を入れ白くする。

3. 叩く

板の上に繊維を散りばめ、石で叩く。石は2種類を使い分け、白の繊維には川で拾ったツルツルの石を、他の色の繊維にはざらざらの火山岩を使う。この石を作る専門の職人もいるそう。

4. 編み込む

外枠を成形したのち、内側の模様を作る。縁をまっすぐに整えるときも石を使い、はみ出た部分を石で寄せて、盛り上がったら再び石で叩いて平らにする作業を繰り返す。表面をツルツルにするため、オレンジの皮で擦る。太目の針金を曲げて作った型や網を押し付けて凹凸を付け、模様を作る。

5. 乾燥

天日干しにする。土台に使用した板ごと、天日干しにする。乾いたら板からアマテをそっと剥がす。

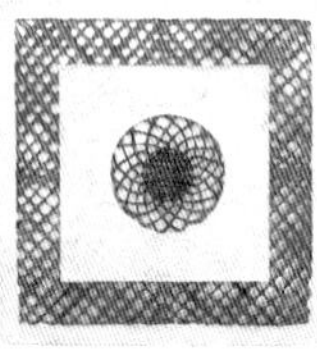
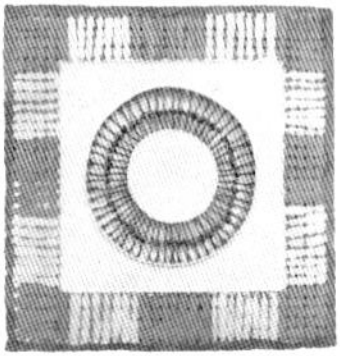

世界は変化する。
amateも sai paperも和紙も、
いつまでどこまで続いていくか分からない。

どんな形で残していくのか。
どんな風に残っていくのか。
自覚も無自覚もひっくるめて、働きかけたい。
余波はどこまで届くのか分からないが、
ひとつずつ。

バルト三国

中学生のとき、雑誌の片隅に見つけた「バルト三国」「エストニア」の文字、石畳みの街並みと夢みたいな景色の中に生きる人たちを見て「世界にはこんな場所が本当にあるんだ！　いつかここに行けたら……」と思った。それから一〇年が経ち、ようやく、憧れの場所に降り立った。バルト三国で過ごした八〇日間は、わたしにとって特別な日々である。

リトアニア
二〇一九年 五月九日 - 六月一日
小さな憧れを抱き続ける

―

旅のスタイルが大きく変化する

リトアニア到着の一週間前。旅で一番高かった一〇万円以上の飛行機に乗りそびれた。意気消沈「もうほんまに日本に帰りたいまじ無理旅続けれへん」状態から一週間。友人や恩師にほぼ報告みたいな形の相談をして、「夏に一旦帰国してお金を稼ぐ。そして旅を再開する」と決めかけた。だけど前職の尊敬する上司に「本当にそれでいいの？」と投げ掛けられて考え直し、続けられるところまで三〇〇日以上の旅の期間を目指して旅を続ける、と腹を括った。だからリトアニアからは旅のスタイルが大きく変化する。

存在は知っていたけれど怖くて使っていなかった無料で民泊できるサービス「ワークアウェイ（workaway)」や「カウチサーフィン（couchsurfing)」を使って、滞在費をなるべく抑えて過ごしてみる。

「世界の紙を巡る旅」という名目で日本を飛び出したからには、毎日紙にまつわる何かを探しに行かなければ、発信しなければとなんとなく思っていた。だからワークアウェイを使って紙とは関係のない農家で働きながら生活するのは、少し怖い。旅を続けるために、旅の中で変化をし続ける。移動して、考えて、調べて、新しい言葉を覚えて。長期の旅だからこそ、世界一周だからこそ味わえる葛藤に、ようやくぶつかった。

一枚のポストカードを探し求めて

インスタグラムでリトアニアのことを調べている時に偶然見つけた一枚のポストカード。やわらかな緑の背景に花や草を図案化した模様が敷き詰められていて、そんな柔らかな地面に立つ人の足元と靴が描かれている。このカードを見た時、あまりのかわいさに「これは画像じゃなくて紙に刷られたものを手にしたい！ リトアニアに行ったら必ず探し出そう」と思った。調べてみると「Katakiosk」というイラストレーターの方が描かれたものだとわかったが、取扱店がどこにも書かれていない。

そんなわけでリトアニアの首都ヴィリニュスで、一枚のポストカードを探す旅が始まった。旧市街を散策して、雑貨店や文具店、古本屋などポストカードを売っていそうなお店を回ってみる。その道中、何やら楽しそうな音楽が聞こえてくるので音がする方に向かうと、民族衣装を身に纏った人たちが楽器を奏でたり歌ったり踊ったりしていた。街なかで偶然こんな光景に出くわすなんて！ 思わずテンションが上がってしまって、たくさん写真を撮る。聞いてみると、昨日から二日間音楽フェスティバルが開かれているそう。さすが歌と踊りが大切に受け継がれているバルト三国だ。

さて、Katakiosk のポストカードを探し出せたのかというと、三か所のお店で見つけることができた。そのどれもが素敵なお店だった。

現実の延長線上で夢が叶うと信じていた頃に抱いていた憧れ。サッカー選手になりたい、社長になりたい、マンガ家になりたい。小学校の卒業文集の「将来の夢」のページに並ぶ単語は、さまざまだった。(わたしは当時から少しズレた子どもだったので、なぜか堂々と「アルプスの少女ハイジみたいな暮らしがしたい」と書いていた。)

それから十年以上が経ち社会で働き始め、ハイジに憧れていた少女は、日々の生活で精一杯の大人になった。毎月のお給料の中でやりくりする生活。憧れはインスタグラムやネット記事からピックアップして、特集されていたものを買えば日々は彩られていく。籐かごバスケットにモカシンシューズ、リネンのワンピース。昨日抱いた憧れを、今日叶える。

かわいいは正義だし、北欧雑貨は取り入れやすいし、@コスメで評価の高いメイク下地は本当に崩れにくいし、セブンの新作のスイーツは同僚が言ってた通りおいしい。そんな日常で、十分幸せだった。だからわたしは次の日も翌月も、同じような生活をする。

ところが、いろいろあってどう転べばそうなるのか、勢いで会社を辞めて世界一周を始めてしまって、タイで紙を作ったりメキシコで紙を探し求めたり、リトアニアの農家を手伝ったりしている。「リトアニアの農家を手伝っている」……？突然紙と関係がない話が出てきて恐縮なのですが、このリトアニアの農家で過ごした時間があまりにも素敵で、完全に「ここがわたしのアナザースカイ」案件だったので、長くなりますが語らせてください。

ハッピーエンドを目指すより、エンドレスなハッピーを作りたい

ワークアウェイでの宿泊先としてリトアニアのヘンプ農家さんのところにお邪魔することになった。少しでも紙に関係するところに、とヘンプ農家を選んだ。日本でもかつてはヘンプ（麻）を使って紙づくりをしていた。

そこで、信じられない気持ちになった。かつて憧れていたハイジの世界がそこにあった。歩いても歩いても、みどり。視界いっぱいにタンポポが咲き乱れ、子どもの笑い声とヤギの鳴き声だけが聞こえる。夢と現実の境界線を知らない頃に見た憧れの風景を目の前にして、わたしは「あぁ、幸せだなぁ」という感情で満たされていた。それ以外の言葉も感情も入る隙がなく、ただただ幸せだった。

これまでの日々も幸せだと思っていたけれど、全然違う形の幸せがリトアニアの片田舎にはあった。あの瞬間、わたしの血管の末端の末端までぜんぶ、幸福の成分が流れていたんじゃないかと思うくらい、幸せに包まれていた。

風景を見て泣いたのは、初めてだった。その日の夜、日記にこう書いていた。

「たとえ数週間だとしても、わたしの人生にこんな日々があることを幸せだと思う」。

リトアニアの片田舎モレタイでの日々は憧れの形そのものだった。それでいて、全然眩しくないのだ。何というか、等身大、そのまま。

例えば、食事。庭で採れた野菜や、一家の広い敷地内の池で釣れた魚を調理して作る。料理はわたしたちの仕事だったのだけど、見たことのない野菜を渡され「食べれたらいいから何か作って」と丸投げされたときは戸惑った。例えば、お風呂。池の近くにサウナがあり、毎週土曜日の夕方に親族が集まって男女別に入る。池から汲んだ水とサウナで温められた熱湯を桶で混ぜてほどよい温度にして、髪と体を洗う。家にはシャワーもないので、一週間分の汚れをここで洗い流す。

例えば、休日の過ごし方。近所の友人を呼んで、敷地内に橋を作ったり、ヘンプのロープを編んだりする。電動の機械は使わず、自作した道具でヘンプの繊維から糸を紡ぎ、撚り合わせ、数本ずつまとめて捩じって太くする。買えばすぐに手に入るものを、大人と子供一五人がかりで一日かけて作る。生活の一つひとつが、これまでのわたしの暮らしと違っていて、インスタグラムで「#丁寧な暮らし」で検索したら出てきそうなシーンばかりだ。リトアニアで人生史上最大の棚からぼた餅的な幸せに出会った。どうやらここから、新しい幸せを作っていけそうだと思った。

思いや感覚も回り巡ってゆくものならば、わたしから出ていくものは、なるべく、どうか、やさしくすこやかなものであってほしい。めぐり巡り、わたしのもとに帰ってきたとき、より美しい色を纏っていたらと願う。そのためにわたしは、ハッピーエンドを目指すより、エンドレスなハッピーを作りたい。やさしい自分でいられるような幸せな状態を作り続けて、今からずっと終わらない幸せを創造したい。そうやって作り上げた普通の日々に誰かが足を踏み入れたとき、その人の中にひとつの幸せが芽吹くかもしれない。その可能性を信じられるようになった。

リトアニアの農家・アンドリウス一家のもとで過ごした二週間は、わたしにとってこれからの原点になるものに「気づけた日々」だった。この本を手に取ってくれた人それぞれにもそういう、いま大事にしているものが輪郭を持ち始めた日がきっとあるはず。その日を思い返してもらえたら嬉しいなと思い、紙とは関係のない話だけど掲載した。こんな経験をさせてくれたアンドリウス一家にはとても感謝している。

旅を始めて二ヶ月が経ち、少しずつ考え方が変化しているのを感じる。

一番大きな変化は、「小さな積み重ねに意味があると思えたら、変えられることもある」と思えるようになったこと。環境問題然り、自己肯定感、伝統工芸、紙の現状。

わたしのこの一手が、未来とわたし自身を変え得る。その自覚を持って選び続けること。

選択肢を知らなければ選ぶことはできないのでその普及を図り、心構えを作ること。

そんなことを大切にしている人たちと、紙を通してkami/として繋がれたらいいなと思う。

ラトビア

二〇一九年 六月一日 - 六月二六日

人生に幸福な日々を。
その始まりは、こんな一日かもしれない。

―

憧れのラトビアへ

リトアニアの首都ヴィリニュスからバスに乗って四時間半、ラトビアの首都リガに到着した。EU圏を訪問したのが初めてなので、「本当に何の手続きもしなくても国境を越えられるんだ！ てかどこが国境だったんだろう？」と不思議な感覚になる。リガは「バルト海の真珠」と讃えられる美しい街で、旧市街の街並みは世界遺産にも登録されている。人伝いに聞いた「六月に行われる夏至祭と民芸市がよいらしい」という情報だけを頼りに訪れたラトビアに、わたしは心底惚れてしまった。自然も文化も豊かで人も優しくて、今回の旅で一番長い期間をこの国で過ごすことになった。

滞在のうち二週間ほどは、子どもたちに紙の作り方を教えるワークショップをしてほしいと依頼を受けて、知り合いの紹介で、サマーキャンプに参加した。ラトビアの森の探索、焼き物作り、遺跡巡りなどを一緒に体験した。結局、紙作りの道具や素材を揃えることができなかったので、折り紙作りを教えることになった。

そこで出会った講師の人と意気投合して、環境関連の講座を一緒に受けにいったり、水陸両用の乗り物を作っているアーティストの家に遊びにいったりした。その講師のカップルは、自分達の家をセルフビルドで作っていて、そこにもお邪魔して、きのこ狩りに一緒に行って、取れたきのこを料理したりと色々と楽しい体験をさせてもらえた。

森の民芸市とヘンプ農家のことば

六月の最初の土日に湖畔の森の中で、ラトビア中の手仕事が集まるマーケットGADATIRGUSが開催される。そこに並ぶのは、手織りの布や手編みの籠、手彫りの木のスプーンや手編みのミトン、ラトビアで育った植物で作られたジャムやペースト、お菓子など幅広い。会場の中には飲食ブースや音楽と踊りのステージもあり、一日中いられる。

首都リガの駅からバスに乗って四五分ほど、会場である野外博物館に近づくにつれて渋滞し、路上駐車の車が増えていく。バスでは、民芸市のためだけに日本から来ている人にも出会った。右手に湖と森が見え、バス停を降りたら会場はすぐそこ。入場チケットを買って人の流れと看板に沿って進むと、「森の民芸市」の名にふさわしい情景が広がる。日本でもいくつもの手仕事市に行ったことがあるけれど、そのどれよりも充足感があった。この民芸市のよいところは、作り手から直接買えること、そこしこで作っている様子を見たり体験したりできること。その場で木からスプーンを掘り出している人がいたり、糸車を使って羊毛から糸を手紡ぎしている人もいた。

バスケットを売っているおじさんに話しかけると、ものづくりに対する思いを聞かせてくれた。「バスケットを作るのは、僕の仕事じゃなくて趣味。寒い冬の間、外に出られないから家でバスケットを編む。だから大量には作れないし、たくさん稼

（上）民芸市では手仕事のものの販売だけでなく、合唱や踊りのステージ、飲食ブースもあり一日中楽しむことができる。
（下）詳しく話を聞かせてくれたバスケットのお店。帰国後も連絡を取り、冬には白銀の雪景色の写真を送ってくれた。

ぐつもりもない」。寒く長い冬を過ごすこの国の人にとって、手仕事は生活の中にあるものなのだ。自然から採った素材で、人の手と道具だけで作られたものが集う場所。ラトビアの文化と感性の豊かさを感じた。

森の民芸市の数日後、民芸市で出会ったヘンプ農家の家にお邪魔することになった。ヘンプは茎、種、葉、すべてを使える無駄のない植物だという。彼らは子どもが生まれたのをきっかけにロンドンからラトビアの片田舎に移住してきた。

「ここを訪れた人は、どうして大都会からこんな何もないところに引っ越してきたのと聞くけれど、僕は『何もない』がほしかったんだ。何もないように見えるこの土地を耕し、ヘンプを育て家を建て、生活をする。ときどき教室やワークショップを開いて、人々が集う場所になる。そんな今の生活を僕は大切に思っている」と彼は教えてくれた。彼の家では、小さな紙作りも行っている。ヘンプの茎から取った繊維を細かく砕き、薄い紙を漉いてショップカードに使用したり、近隣の企業に卸したりしているそうだ。道具はホームセンターで買ったフォトフレームと網を使っている。どこで作り方を教わったのか尋ねると「YouTubeを見ればわかるよ！」となんとも現代的な答えが返ってきた。日本の伝統工芸の技術習得までの過程は厳しい、という話をここですべきではないのかもしれないけれど、そのことを思わずにはいられなかった。厳格にすることで途絶えてしまうくらいなら、もっと手軽にやってみる継承があってもよいのではないかと思う。

民芸市での出会いはそれだけではない。マーケットで唯一、手漉き紙を販売していた作家のツィーナと話し、約束をとりつけて訪ねることにした。彼女は、シュレッダーにかけた後のコピー用紙を活用して再生紙を作り、庭で採れた草花を乗せた紙ものを販売している。芸術系の学校で紙作りを専門的に学んだあと、いろんな紙を作ってきてこの作り方に落ち着いたという。

「紙を作ることは楽しかったけれど、わたしはもっと自然と近い距離にあるものづくりをして、自然に触れていたかった。摘み取った草花で装飾することはわたしにとって心地よいものづくりの形なの」。そんな話をしながら一緒に紙を作っていたら、あっという間に五時間ほどが経っていた。紙を通して感性が合う人に出会えたとき、紙を好きな気持ちだけを頼りにここまで来てよかったなと思う。国中から作り手が集まる民芸市から辿って、素敵な出会いが生まれたことはとてもよい経験になった。ラトビア滞在の初日に訪れた民芸市から、何人もの作り手との繋がりが生まれた。

光輝く夏の始まりを祝う「夏至祭」

「人生に幸福な日々を。その始まりは、こんな一日かもしれない」。ラトビアで夏至祭に参加して迎えた朝、日記に記していた言葉だ。一年の中にこんな一日があるのとないのとでは、人生の過ごし方が変わるのではないか、と本気で思う時間が夏至祭には流れていた。そもそも夏至祭とは、北欧やバルト三国の寒く長い冬が終わり、日照時間が一番長い夏至の日に緑豊かな夏の始まりを祝うお祭りである。夏至の日の夕暮れから夜明けにかけて、火を囲みながら歌い踊り一晩を過ごす。世界一周に出る前に知り合いから「バルト三国に行くなら、絶対に夏至祭に参加した方がいい！」とおすすめされて、滞在する日を六月に調整したのだった。六月二一日の夕方、ラトビアの友人に教えてもらった首都のリガ近辺で旅行客でも参加できる夏至祭の会場に電車とバスを乗り継いで向かう。

会場は古いお城の跡が残る丘の上で、一八時を過ぎたころに近隣の村人たちが民族衣装を身に纏ってぞろぞろと集まってくる。大きな木の下には摘み取られた野花や蔦葉が籠いっぱいに並んでいる。そこから好きな草花を選び取って、花冠を作る。花冠を被ったら会場の奥に進み、演劇を見たり、地元のクラフトビールを飲んだりする。日が暮れる前に丘の上に集まり、日が沈むのを眺めながら歌を歌い、大きな焚き木に火を灯す。その火を囲みながら一晩中踊ったり歌ったりする。

もちろんラトビア語なんてわからないので歌詞の意味や儀式の意味は理解できない。それでも、伝統音楽に身を任せながら木が燃えてゆくのを眺め、見よう見まねでダンスを踊り、日の出が近づくにつれて白んでいく空の色の移り変わりに心を澄ませる時間は、あまりにも豊かなものだった。毎年同じ時期に、太陽の動きを見つめ歌い踊る夜を過ごすことができたらよい人生だったと思えるんじゃないか、と本気で思う。脈々と受け継がれてきた夏が来る喜びを表現するお祭り。そこに付随する衣装や空間、音楽、踊り、食べ物、そして自然を愛し季節の移ろいに目を向ける人々の心を思い出すと、今でも清らかな気持ちになる。

旧市街の博物館と、新市街の書店

時を経た紙が持つ魅力は計り知れない。私は古いラベルが好きで、経年で変色したさまや、今とは違うデザイン、形、活版やタイプライターによる印刷など見るべきポイントがいくつもあって、一枚のラベルを長時間見てしまうこともある。そんなラベル好きな方におすすめしたい博物館が、世界遺産でもあるリガ旧市街の美しい街並みの一角にある、薬局博物館だ。

重厚な扉を開けると、古いレジに、薬瓶の棚、分銅の量り、薬草の束などかつて薬局で使われていたものが展示されている。その一部に古いラベルや箱、切手などの紙ものを展示したコーナーがあり、見ていてとにかく楽しい。

たくさんの美術館や博物館を訪問し、大英博物館ではゴッホのひまわりも見たけれど、この薬局博物館が一番興奮するミュージアムだった。日本から八〇〇〇キロ離れた場所で、一〇〇年前に使われていた薬の箱を残しておいてくれた人に感謝したい。薬局博物館は旧市街にあったが、新市街の書店で思わぬ出会いがあった。「いつか『言葉の博物館』を開くのが夢なんだ」と語るお店のスタッフ二人が素敵で、わたしはきっとまたラトビアに来るだろうなと思った。この書店には、言語学に関する書籍がずらりと並んでいて、地域のアーティストのポストカードやＺＩＮＥ、単語を覚えられるカードゲームも置いてある。ラトビア語の授業や翻訳サービス、音楽イベントの企画もしている。

「言語はアートであり、文化である」と彼らは言う。言葉を知ることは、その地域の文化の形を知ることだと。

ラトビアの民族音楽の歌詞が収集された本をイラストに惹かれて手に取ったら、お店の人が教えてくれた。「僕らは、ラトビアの民族音楽を通して自然との繋がりや歴史、民族のことを知るんだよ。それは学校で習うよりも自然で僕らに根付くものになる」。

夏至祭で音楽に合わせて歌い踊る人たちの姿を思い出した。彼らにとって、身体に染み込んでいるであろう言葉たちがこの一冊には詰まっている。世代を問わずに精神に根付いた音楽や言葉があることで、ラトビアの人たちの感性の土壌ができているような気がする。

土に埋め、育ちゆく紙

「愛は育つ」を意味するラトビア語が箔押しされたカードの中には種が漉きこまれていて、土に埋めて水をあげると植物が育つ。このカードに出会ったのは、ラトビアの首都リガの旧市街にある雑貨店だった。パッと見てかわいいデザインに目を惹かれて手に取ると、店員さんが楽しそうに教えてくれた。

カードの説明書に書かれたウェブサイトを見てみると、滞在しているホテルのすぐ近くにカードを作っている工房兼ショップがあるとわかり、翌日訪

種が漉き込まれたカードをちぎって埋めると、芽が出てパセリやマリーゴールドなどの植物が育つ。

問してみることに。こじんまりとした工房には小さな箔押し機が一台あり、そこでデザインと箔押しをしているという。金、銀、ピンクゴールドの三色で綴られた文字は美しく、紙の特性とフレーズがうまく合った素晴らしいカード。ラトビアの人々の、森や草木へのやさしいまなざしがそのまま形になったような一枚だと思う。

お店では、革製品に箔押しが施されたものや、シーリングワックス（封蝋）のセットも販売されている。これまでに見たことのなかった繊細な植物の線画があしらわれた封蝋のスタンプを見て、思わず購入してしまった。パステルカラーの蝋も置かれていて、ついにまたひとつ沼への扉を開いてしまった……と少し後ろめたい気持ちになる（紙周りには、インク沼や活版沼などいろんな沼が潜んでいる）。

毎月旅先から送っている手紙にも、種の入ったカードを同封した。先日、受け取ってくれた人たちから「土に埋めて数日で無事に芽が出て、大きく育っています」というお便りが届いた。紙に乗って届くのは言葉だけではなく、幸福な時間や空気までも織り込まれることがある。

[ヘンプペーパーの作り方]

1. 刈取
原料はヘンプの茎の部分の繊維。種を埋めてから 100 ～ 120 日で 3 ～ 4 メートル程に成長する。

雑草よりも早く成長するため除草剤を使う必要もなく、地球環境への負荷が小さい植物である。刈り取った後、しっかりと乾燥をさせる。

2. 繊維の取り出し
機械を使って、繊維を取り出す。茎の内側（木質部）は紙には使用せず、表皮と木質部の間（靭皮部）を使用する。この繊維から糸を紡ぎ、織物や編み物を作ることもできる。

3. 叩解・漉く
繊維を細かく砕く。水に繊維を攪拌させ、掬い取る。
道具は、ホームセンターで購入したフォトフレームと金網で自作したと言っていたもの。

4. 乾燥
漉いた紙をフェルトで挟んで重しを乗せて、水分を取る。フェルトから剥がして平らなところに貼り付け、乾燥させる。

[リサイクルフラワーペーパーの作り方]

1. 叩解・煮熟

材料は、シュレッダーにかけた後のコピー用紙。シュレッダーがない場合や厚手の紙の場合には、手やハサミで細かく切ってもよい。
紙と同量の水を入れ、30分ほど煮込んだあと、ミキサーやブレンダーで細かく砕く。

2. 漉く・成形
大きな容器に水を張り原料を入れ、撹拌させる。木枠に網を張った道具で掬い取り、漉く。乾くと薄くなるので、厚めに漉く。
その後、作りたいサイズや形になるように、ナイフで境界線を作り成形する。

3. 装飾

摘み取った草花で装飾する。なるべく平らな植物を使用した方が剥がれにくい。上から布や網を被せ、押さえつける。

右の図と同じ形に成形すると、乾燥させた後に2か所を山折りにするだけで封筒を仕立てることができる。

4. 乾燥

上に布を被せたまま全体を裏返して机の上に置き、網の上からスポンジで水分を吸い取る。
ある程度吸い取れたら裏返して布を外し、枠ごと干して乾燥させる。

再会のときを心待ちに

旅を始めて一三〇日が経った。続けるほどに出会う人の数は増え、「日本に来るときは教えてね」「次は何年後に来るの？」と言葉を交わす。一体、そのうちの何人にもう一度会えるだろう。さよならのときのさみしさを知って、純粋に出会い仲良くなることが少し怖くなった。

ラトビアを旅する中で、「日本が大好き！」と話す一人の女の子・マーラに出会った。これまでも日本語で挨拶をしてくれる人にはたくさん出会ったけれど、日本の文化や歴史に興味を持って学び始めている人に出会ったのは初めてだった。ジブリアニメをきっかけに日本に興味を持ったという一六歳の彼女は、先月から日本語を学び始めてひらがなとカタカナの読み書きができて、ラトビアのBonsai Parkで働いている。彼女のおうちに数日間滞在させてもらって、Bonsai Parkや近くのお城を案内してもらったり、一緒にお寿司やピザを作ったり、キノコ狩りや海水浴に行ったり、日本の音楽や新撰組の話をしたりした。彼女の質問に答えようとする度に、旅の中で幾度となく感じた「わたしは二五年間、日本で何を学んできたのだろう」という思いが大きくなった。何も知らないし、語れないことが多すぎる。それでも彼女や彼女の家族は良くしてくれて、たくさんの温かい言葉や時間をくれた。お別れの日には、わたしがいつか着てみたいと話した伝統衣装のスカートや、一番おいしい！と言ったピクルスのレシピとタッパーいっぱいのお料理をくれた。

あついこころにふれて生まれたさみしさは、あたたかい。

出会う全ての人とそんな風にすれ違えたらよいけれど、なかなかそうもいかない。だからわたしは、この場所や彼女のことをせめて書き留めておきたい。わたしはもっと彼女のことをわかりたいし、この国のことを知りたい。慣れない英語で型どる世界はいつも以上に曖昧な輪郭になって、もどかしくて、あぁもっと学ばなければと思う。語る言葉を持たないままでは繋がれない人たちがいる。繋がるための言葉や、伝えるための文字。それはなんて純粋で、始まりの形に近いのだろう。

言語を学ぼう。歴史や文化や政治の、細かなハテナを拾っていこう。当たり前を塗り替えて、今をもっと大きな概念と照らし合わせて、初めて気づけることがある。何百年先の誰かが見たときに、「この時代にならば戻ってもいいいな」と思えるような日々を作ろう。普遍的な幸福を軸にして、誰かの幸せを願える人であろう。

そうしてわたしは、明日ラトビアを発つ。せっかく居場所ができ友人の増えた場所を離れ、またゼロの場所へ移る。

「はじめまして」と「またいつか」、何度繰り返しても、慣れない。毎度出会いを喜んで、別れをさみしく思う。それがたぶん、生きるってことだ。大人になると感情の受け流し方を覚えてしまうけど、ほんとにそれでいいの？　と食い止めたい。次の場所でも、出会いを大切にできますように。その中で見つけたものを、手紙や文章にして届けられますように。

ラトビアで出会ったマーラと花屋さんの一角にて。

無駄に付随するものは何か。
無駄をなくすことで何を失うか。
心が震える機会や、
より大きな震えへと助長する装置を
なくしてしまっていいのか。

紙はあくまでもツールだ。
映画のBGMのように、
言葉や絵や感情のエネルギーを
加速させていくもの。

エストニア
二〇一九年 六月二六日 - 七月二九日
心の声に耳を傾けて、
やりたいことを言葉にする

―

やわらかに過ぎていく日々

ラトビアのリガからバスに乗り、エストニアへ。ヴァルガという街を目指した。この街は、ひとつの街がふたつの国にまたがっている珍しい場所だ。同じ街だけど違う国で、国境を境目にして言葉も違うし、スーパーに並ぶ商品のパッケージも違う。日本に住むわたしにとってはすごく不思議な感覚だ。ヴァルガでは、カウチサーフィンを利用して民家に二泊させてもらった。そのおうちのお母さんがとにかく優しくて、お互いのこれからの夢の話なんかもした。

その時に言われた「何を恐れているの？」という言葉を、旅の間も、旅を終えてからも何かを始めたり迷ったりしたときにいつも思い出す。やわらかに過ぎていく日々の中で、心の声に耳を傾けて、やりたいことを言葉にすること。

エストニアでは楽しみなことがひとつ、就職先の岡山県で出会った友人・山田ちゃんと合流できるのだ。山田ちゃんは同い年の女の子で、わたしが旅を始める数か月前から、デンマークの学校に通っている。ときどき近況報告はしていたけれど、実際に会って話したいことがたくさんある。歌と踊りの祭典の日に合わせて、タリンで落ち合うことにした。山田ちゃんと合流して旧市街を散策していた最中、ケータイをなくしてしまったが、その後警察に行くと誰かが届けてくれていて、無事手元に戻ってきた。

印刷と紙の博物館

植物から取り出した繊維を水中で絡ませて掬い取ることで、紙は作られる。「繊維さえあれば、どんな植物でも紙にできます」と日本の漉き手の方から教わったことがある。だけど実際に和紙として目にすることが多い原料は、楮、三椏、雁皮が主なもので、それ以外の原料だと竹くらいしか見たことがなかった。エストニアの「印刷と紙の博物館」ではデニムや、ルバーブという植物から作られた紙が展示してあり、その質感に驚いた。

この博物館では、紙はどのように作られ活版印刷はどのようにして行われるのか、という紙と印刷の原点を体験をしながら学ぶことができる。歴史的な技術の進歩の過程を見たうえで、現在わたしたちが手にするものはどうやって作られているのかを知ると、完全に機械化されたものづくりが当たり前ではないと実感する。あらゆるものの完成品を簡単に買えるようになって、機械製のものが増えた時代にこそ、ものづくりの機械化が進むまでの歴史の厚みを知ることは大切な気がする。

そして、紙を使ってどんなものが作れるのかという可能性を知ることができる一角もあった。「紙いちまいでできること」をkami/のブランドコンセプトとして掲げているけれども、まだまだ実験と勉強が足りない。紙でできること、紙を通して伝えられることは、もっとあるはず。

「学びの街」タルトゥ

高く積みあがった本。大学が点在して「学びの街」と呼ばれるエストニアで二番目に大きな都市・タルトゥには古書店がいくつかある。置かれているのはエストニア語やロシア語の本が多く、何が書いてあるのかわからないまま、表紙の質感やインクの発色、書体を頼りにパラパラとページをめくる。言葉は、不思議だ。聞き取れない言語が飛び交う中を旅する生活も半年ほどが経ち、始めは不安だった「何を言っているのか理解できない」状況に何のストレスも感じなくなった。細かな音の違いで言葉を聞きわけられていたことがなんだかものすごいことだったように思うときがある。理解できなくても耳なじみのよい言語と、そうでない言葉があるのも知った。言語にとっての音や抑揚、声色は、本でいえば、フォントや文字組、紙質みたいなところに表れるのかもしれない。

とりとめのない思考を巡らせながら、本を物色する。「何のために紙を求めて、何を目指して旅をしているんだろう」。旅の中で何度も行き当たる疑問から離れられるのは、ただ見たことのない紙や紙ものに出会い、純粋な感動や驚きに身を任せているときだけな気がして、今日も動くことをやめられないでいる。

エストニアの友人から「せっかくタルトゥに来たなら、国立民族博物館に行ってみたら？　確か、日本人が設計した建築だったはず……きっとあなたの好きな展示もあると思うよ」とおすすめされた。

負の遺産として認識されていた旧ソ連の軍用滑走路に続く形で建てられた国の文化を保存展示する博物館。四角の建物の中に入ると、中でも印象的だったのは、古い郵便にまつわるものを集めた部屋だ。そこには過去に誰かに宛てて送られた手紙や郵便ポスト、消印のスタンプが置かれている。おびただしい数の手書きの手紙を一つひとつ眺めて、その筆跡や紙の色、細かなデザインの違いを見ていく。美しい筆記体の手書きの文字や、日本とは違う郵便番号の記入の枠の形、色あせた消印。先月訪れたリトアニアから届いた手紙もある。そのすべてに送り手と受け取り手がいて、言葉を介して繋がった時間のことを思う。

天井に届く高さまで古本が積みあげられている。言葉はわからないが、気になるフォントや色合いの本を手に取りパラパラとめくるだけでも楽しい。

紙、それは
人が言葉を記すためだけに
ものを包むためだけに
日々を美しく保つためだけに
手を加えられたもの

紙、それは
土から芽生え、水を吸い、光を浴び、育った植物の
そのまま土に還ることもできる命の一番強いところを
やわらかくして、ほぐして、また絡めたもの
それを受け渡していくのならば、
せめてわたしは、心動かす何かを込めよう。

歌と踊りの祭典

五年に一度開かれる、「歌と踊りの祭典」。会場に向かう道中、人の量に圧倒される。岡山県よりも少ない人口の国で、こんなにたくさんの人が集い同じ歌を口ずさむのは奇跡だと思う。現代のポップスでも一定層のファンが集まるフェスでもなく、一般の人たちが合唱する様、楽しく満ち足りた表情や指揮者との掛け合い、会場一体となったウェーブ。こんなものをどうやったら作れるのだろう。一五〇年も続くお祭りとして、何十万人もの人が来る機会として。バルト三国は歌と踊りの文化が盛んな地域だ。旧ソ連に組み込まれていた時代にも、

数十万人が集う祭典会場

バルトの人々は自分たちの合唱をアイデンティティとして守りつづけてきた。歌と踊りの祭典はエストニア、ラトビア、リトアニアそれぞれで数年に一度開催され、その国で継承されてきた伝統的な合唱とダンスが行われる。

静かなる革命の時を支えた「歌」は、この地の人々にとって特別な意味を持つのだと、歌と踊りの祭典に参加してひしひしと感じた。国の言葉で国で継がれてきたメロディをともに歌うことに大きな誇りがある。日本で目にする愛国心の単語よりも、純粋な形で自分の国とその文化を大切に思っていることを感じた。

ヨーロッパ

ビザなしでシェンゲンエリア（エリア内では国境検査がない）にいられるのは、あと一週間。その間にドイツとデンマークで友人に会い、シェンゲンエリア外のイギリスに移動しなければならない。本当はスペイン、フランス、イタリア、ポーランドにも行きたかったのだけど、バルト三国に長居しすぎてしまった。駆け足で通り過ぎる二か国と、三か月間滞在できるイギリスではどんな出会いがあるだろうか。

ドイツ・デンマーク
二〇一九年 七月二九日 - 八月五日

みんなのおかげで、わたしはここにいる

—

誰かの旅とともに

八〇日間過ごしたバルト三国を出て、ドイツに移動する。バスで二一時間かかるけれど、リガからドイツまで五〇〇〇円で行けてしまう。ライプツィヒに行くのは、同じタイミングで世界一周を始めた友人に会うため。バス停で友人と合流して、カフェで朝ご飯を食べてから市内にある印刷の博物館をぶらりと回る。旅先で出会ったわけではないもともと知っていた誰かの旅に同行して、一人旅では味わえないこんな時間の過ごし方もあるんだなと新鮮な気持ち。

ライプツィヒに来て三日目、ようやく街なかを散策し始めて、アンティークショッ

プの多さに驚いた。大好きなポストカードや古書、マッチ箱など紙製のものはもちろんのこと、ガラスや革製品、照明、家具、カトラリーまでかわいいと思うものがたくさんある。

わたしは、「世界の紙を巡る旅」のフレーズに追いつけているだろうか。世界でどんな紙が作られ、使われているか。手仕事の紙はどうすれば残っていくか。ものづくりの純粋な形は、その場にあるもので作ることだと思う。草花、技術、エネルギー、文化、などのすべての掛け合わせ。便利の壁の中に、自分でその線を探る時間が要る。それはものづくりに限らず、日々の生活や衣食住すべてにおいて。

ライプツィヒでは、印刷博物館へも立ち寄る。世界で最初に活字印刷が行われたと言われるのは中国だが、ヨーロッパではグーテンベルクがドイツで活版印刷技術を発明したことが始まりだと言われている。活版印刷の普及とともに神聖ローマ帝国は反カトリック的書籍を規制したため、一七世紀まで出版産業の中心地であったフランクフルトから多くの出版業者がライプツィヒへ引っ越し、一八世紀にはライプツィヒがドイツ語圏の出版の中心地として地位を確立したという歴史がある。日本とのかかわりで言えば、あの岩波文庫はライプツィヒ発の出版社「レクラム文庫」をお手本に創立されたのだとか。そんなライプツィヒの印刷博物館の展示は、活版印刷の機材や活字、活字鋳造の道具など印刷にまつわるものが広い館内に並べられていて圧巻。この博物館のすごいところは、活版印刷機を訪問客が自由に体験できるスペースがあったり、現役の活版印刷機があってアーティストや職人の印刷姿を見れたりすることだ。見るだけではなくて、実際に使われる様子を見て触れることができる博物館は珍しい。説明そのものはドイツ語で書かれていたのでなんのこっちゃわからなかったけれど、膨大な数の印刷機と活字、かつて使われていたフォント帳を眺めるだけでも楽しい。

ドイツのライプツィヒからデンマークの西部・リンケビングに向かう。ドイツに引き続き、岡山で出会った友人に会いに行く。次は北欧独自の教育機関「フォルケホイスコーレ」に通う山田ちゃんに会う。これは本当にありがたいことなのだけど、岡山に移住した二年間で仲良くなった人が何人も二〇一八年から二〇一九年に、海外に長期滞在していた。みんなが行くならわたしも勇気を出して始めてみよう！と思って飛び出したところは大きい。みんなのおかげでわたしはここにいる。朝の四時半に家を出て、電車を六回乗り継ぎ、一二時間かけて移動する。学生のころにしていた青春18きっぷでの旅を思い出す。牛が放牧された草原に並ぶ風力発電を横目に、自然環境に人の手を加えることを考える。

フォルケホイスコーレは北欧独自の教育機関。特徴は、試験や成績が一切ないこと、民主主義的思考を育てる場であること、知の欲求を満たす場であること。全寮制で、先生も含めた全員が共に生活することなども代表的な文化。生徒はみな国籍関係なく国からの助成金を受けることができ、学費の一部を払うだけで入学できる。一八四四年に最初のフォルケホイスコーレが開校し、現在では約七〇校がある。学校に滞在している間は、山田ちゃんの友人たちと一緒にご飯を食べたり、ガーデニングのお手伝いをさせてもらったり、拾った木片を彫ってスプーンを作ったりした。旅や各地のワークアウェイで出会った人たちのこと、日本や環境、食、生活、家族の話をした。ほんの数日だったけどホイスコーレに滞在させてもらって、「なんて良い学びの環境なんだ!」と感動してしまった。作家になるわけじゃなくても、それを仕事にせずとも、もっと自由に作ること、歌うこと、奏でること、育むことを探究してもいい。

イギリス
二〇一九年 八月五日 - 十月七日

芸術への感覚の違いを思い知る

似ている夕焼けの国

デンマークの空港から飛行機に乗って一時間半、ロンドンに到着。三〇〇〇円でイギリスに来れちゃうって、不思議な感覚だ。久しぶりに都会に来て、人の流れの速さに疲弊する。

日本にいたときに、「イギリスの夕焼けは、日本と似た色をしているそうだよ」と話していた友人の言葉を思い出す。言われてみれば日本の夕焼けのオレンジと水色の具合と、目の前にある夕焼けが似ているような気がする。なんとなく、だけど。

一泊二〇〇〇円くらいのロンドンでも一番安い宿のドミトリーに宿泊している。同年代のバックパッカーたちが多く泊まっている。安宿だからみんなそんなにお金がないとは思うのだけど、共用のバスルームで出会う人たちの半分くらいは普通の歯ブラシよりも高価で環境にやさしい竹の歯ブラシを使っている。安いか高いかという価格以外の基準を持っていて、自分が買うもの、使うものを選べるのは豊かな価値観だ。目の前のすぐに見える結果ではなくて、先のことも考えて選ぶという視点は、この旅の中で何度も教わったこと。

ロンドンに滞在している間は、ひたすらお店とミュージアムを見て回る。名画もロゼッタストーンも無料で見れるなんて贅沢な場所だなぁと思う。いくつものミュージアムやお店を訪ねて、芸術への感覚の違いを思い知る。とくに印象的なお店だったのは、Present & Correct というお店。文具好きなら一度は訪れたい。このお店は言ってしまえば、文具店。「文具店」の一言でまとめられるお店の幅広さこそが、文具の世界のバラエティの豊かさを表している。見た目と機能を深追いし出したらキリがない、年代ごとの形の変化も大きい。日本製のペンでも海外でのみ販売されている軸の色があったり、細かな違いに目を向けて調べ始めると、底なし沼が広がっている。

　ここPresent & Correctは、世界各地の文具を取り揃えている。新しいものばかりでなく蚤の市で買い付けてきたという古い測量用紙やおかしの包み紙もある。セレクトのセンスが素晴らしくて、「あの国にはこんな文具があるんだ！行ってみたい！」と思うものばかり。

　特に心惹かれたのが、ポルトガルの印刷メーカーの紙もの。ポストカードやノート、枠線のサンプル帳など、既存の金属活版を生かしてデザインされた古めかしい雰囲気が漂う新しい紙ものが秀逸だった。

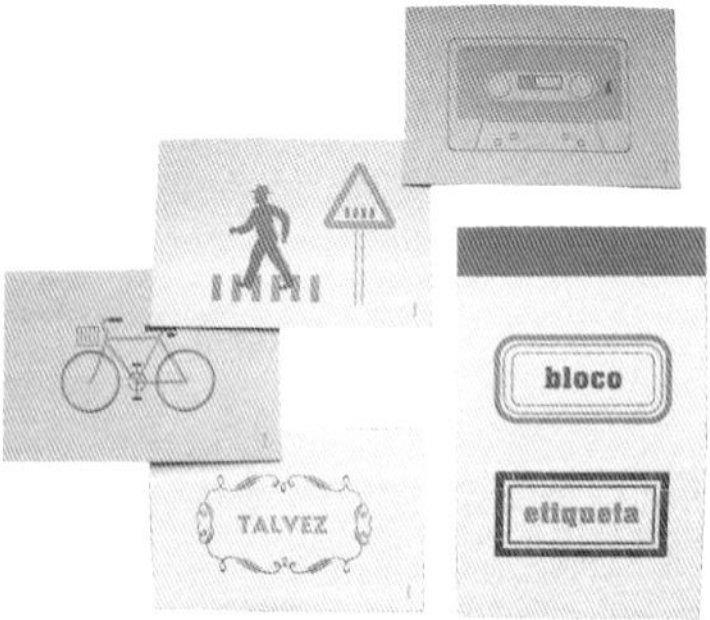

Present & Correctで購入した紙ものたち

活版印刷

イギリスに来た一番大きな理由は、多くの活版印刷所が残っているからだ。つてなんかないので、グーグルマップで「Letterpress」と検索して出てきた印刷所に連絡を取り、訪問させてもらう。国が変わっても、していることは変わらない。紙と印刷を見るだけだ。ポートランドと同じようにたくさんの印刷所があるのだけど、デザインのテイストが全然違う。前述のポートランドの活版印刷所では、樹脂版や金属版で作ったオリジナルのデザインを刷っているメーカーが多く目に入った。一方、ロンドンの活版印刷は活字を使った手法のものが多く感じた。もともとある金属や木の活字のフォントや罫線を組み合わせ、全体のバランスを見ながら調整する。

訪れた工房の中には、いろんな種類の書体やサイズの活字のケースが積み上げられている。年季の入った重厚な活版印刷機では、お客さんから特注された結婚式のメニュー表を印刷しているところだった。手漉き紙と印刷の工房を巡る旅をしていると話をすると、縁がポロポロと崩れやすく軽い質感の紙に印刷されたネームカードを見せてくれた。その紙は、工房のご主人の奥さんが漉いた再生紙だと言う。工房で出たミスプリントの紙を砕いて、手漉きのワークショップを開催することがあるそう。こんな場所でも手漉き紙の作り手に繋がるとは！　とうれしくなった。

西の魔女は実在する

イギリス、オックスフォードでもワークアウェイを利用して、民家に滞在させてもらった。リトアニアで利用してから、誰かの暮らしの中に入って仕事を手伝う旅の面白さに魅せられた。このオックスフォードのお家は、わたしにとって四軒目のワークアウェイ滞在先となる。今回は、一六世紀に建てられた家でガーデンを手入れして暮らす女性のお手伝いをする。プロフィールを拝見したときから「なんて素敵なところ！　滞在したい！」と楽しみにしていて、その予想を上回る居心地の良さ。

元ダンサーのライゼの隣の家には、ダンサーとして世界中で公演をしていた頃に衣装制作を担当していた女性が住んでいる。二人は毎朝八時から一時間、一緒に散歩をする。何歳になっても笑い合える友人がいるのは、とても素敵なことだなと思う。アーノルド・ローベルの絵本「がまくんとかえるくん」シリーズを思い出した。

ここでの暮らしは、梨木香歩さんの『西の魔女が死んだ』のおばあちゃんちみたいな生活だ。朝の九時から午後一時まで働いて、みんなで一緒にランチを作って食べて、あとは自由時間。ある日は、一緒にお手伝いをしているアルゼンチンのカップルと下宿をしているハンガリーの男性と出かけて川で泳ぐ。今日は夏休みで三〇度近い気温だったから、たくさんの家族が川沿いで過ごしていた。またある日は、道端のブラックベリーと庭のラズベリーをボウルいっぱいに摘み取ってジャムとゼリーを作る。無理に背伸びしたり憧れたりせずに、自然にこういう日々を送れること、心の底からよいなと思う。

毎週土曜日は、車で二〇分くらいのところにある学校で開かれるマーケットに出店する。庭から選りすぐった花を束ねて、二〇束ほどの花束を作る。毎年六〜九月はこのサタデーマーケットを中心に日々が回るそう。庭にある大きな木を眺めながら、花や草木に対するライゼの言葉を聞いていると、植物を見つめるだけで日々はずっと楽しくなるのだと実感する。

日曜日の午後二時、公民館みたいな場所に近所の人たちが集まって自作のパンやジャム、ソースを持ち寄る。交換したり、寄付したり購入したり、売り上げはすべて寄付に回すそう。わたしはスコーンとお茶を提供するお手伝いをした。日本に行ったことあるよ！というおばあちゃんが何人もいた。ライゼの家での滞在もあっという間に最終日。ゆっくり朝食を食べて、散歩をして、別れを惜しんだ。夢みたいな三週間で、本当にこんな生活があるんだなと感動した時間の端々を思い返す。毎朝散歩をして、庭の野菜と石窯で焼いたパン、道の果物を食べ、花や木の移ろい、空の様子に目を向け、家族や友人との対話の時間を大切にする。最後に、ライゼが編んだストールを贈ってくれた。帰国するころには、日本も冬だなぁ。

草木染め教室へ

旅を始める前から、イギリスの数名の草木染め作家さんのインスタグラムをフォローしていて、草木そのものの色と抽出液の深い色、染め上がった布の色の美しさに癒されていた。その中の一人、オックスフォードにある草木染め作家の Flora さんのアトリエにお邪魔して、ワークショップに参加させてもらった。

時に植物は、自然の姿からは想像もつかないような色を秘めている。青い花から抽出できる色が黄色だったり、茶色い木の皮からピンク色が出てきたり。紙を作る際には極力取り除く植物の「色」を用いる草木染めは、文字通り色鮮やかでわたしにとって新しい世界だ。午前中は、ストールを一色に染める。数種類の色から好きな色をひとつ選び、どの植物で染めるかを決める。アトリエの庭で採れる染料もあるので、参加者みんなで散歩して染料を摘みに行く。マリーゴールドやラベンダーなど草木によって抽出できる色の濃さが違うので、必要な分を摘み取るのが大変な植物もある。午後からは、染料を煮出さずに布に直接並べる染め方を習う。午前中の色とは打って変わって濃い色が何色も布に乗り、自然界の色の多様さをそのまま写し取ったような染めが出来上がった。

イギリスを発つ日は、メキシコからリトアニアにドタバタと移動してきた時から一五〇日が経っていた。念願のバルト三国やイギリスで過ごした日々はとにかく穏やかで、いろんな家族の生活の中に入らせてもらった。日本にいた時には知らなかった暮らしと仕事の形を経験して、描く未来＝日本に帰国してからの生き方の幅がぐんと広がった。

[草木染め②]

1. スプレー
布の上に花びらや玉ねぎの皮を乗せ、酢を水で薄めたスプレーをかける。

2. 巻く
布を端からくるくると巻いたり小さく折り畳んだりした後、紐できつく縛る。

3. 蒸し
鍋にお湯を沸かし、布が水面につかないように吊り下げて蓋をする。1時間ほど蒸す。

4. 乾燥
紐をほどいて布を広げ染料を落とし、水で軽く洗う。

皺を伸ばし干す。
煮出して染めるものと同じく、日光が当たらないところで保管した方が色を保ちやすい。

［草木染め①］

1. 採集

染料となる植物を採集する。アトリエの庭では、マリーゴールドやアカネ、ローズマリー、ラベンダーなど様々な植物が育てられている。

2. 煮出

植物がひたひたになる程度の水を入れ、火にかけて 30 分ほど煮込む。
別の容器に濾し、植物に水を加えて煮込み、さらに色を抽出する。その間に、布が染まりやすくなるようにソーキング（タンパク処理）をする。ワークショップでは色見本帳用のフェルトと綿のストールを染めた。

3. 染め・媒染

絞りや板締めをした布を、染液の中に浸して満遍なく染める。
30 分ほど浸したら染液から上げて絞る。
色見本を見ながら、染めたい色に合わせてアルミや銅で媒染をする。

4. 乾燥

水で濯ぎ絞り、干す。乾燥した後は、使用する染料によって異なるがなるべく日光が当たらないところで保管した方が色を保ちやすいことが多い。

コラム04
四五二通の「旅先から送る手紙」

世界の紙を巡る旅を始める少し前にオンラインショップを作った。商品はたったひとつ「旅先から送る手紙」だけ。

世界各地の紙工房や文具店を巡り見つけた素敵な紙を現地から日本にいる人に届けられたら、と思い手紙を送ることにした。月に一度、滞在している国の紙に現地の雰囲気やそこで感じたことを綴って、購入者の方にお送りした。一年分まとめて購入してくださった方のもとには、一年間で一二か国・一二通の手紙を届けた。毎月二〇〜五〇名の方が購入してくれて、旅の期間に送った手紙は累計で四五二通になった。

書類の電子化が進む中で、紙に記す意味ってなんだろう。機械製の紙が簡単に手に入る時代に、手仕事の紙を作るのはなぜだろう。そんな疑問への答えを見つけたくて、わたしは旅を始めた。「手紙」という表現の形は、紙や文字が存在する意味へのひとつの答えになり得る気がしている。

イギリスにいるとき、これまでに送った六通の手紙を並べて、栞やさんが写真を撮ってくれた。手紙を送ったわたしが言うのも何だがこんな景色が見れて幸せだ。世界のいろんな場所から違う紙・封筒・消印・切手で送られてくる手紙。自分の家にも送っておけばよかった……！　と少し後悔している。

月に一度だけ旅先から届く手紙を通して、ここではないどこかの風景や言葉、文化に思いを馳せてもらえていたら嬉しいなと思う。

アジア

旅を始めて二〇〇日が経った。三分の二が終わり、四か月半滞在したヨーロッパを離れ今日、アジアに戻る。四月五日にタイを発って以来、実に一八五日ぶりのアジアだ。日本から遠く離れた場所を旅していると、アジアに行くだけですぐに日本まで帰ってしまえるような気がする。自分の中の世界の捉え方が変わっているのを感じる。

インド
二〇一九年 十月七日 - 十月三〇日

この国はあまりにも広くて文化が深くて
大きな荷物を抱えてはとても回りきれない

―

かつて恋焦がれた場所

ロンドンのヒースロー空港で飛行機に乗り込み、フィンランドで乗り換えてから九時間、ついにアジアに戻ってきた。五年ぶりにインドに降りたって、相変わらずエネルギーに溢れた国だなと思う。インドは、高校時代のわたしにとって恋焦がれる「一番行きたい場所」だった。大学生になって自由に海外旅行に行けるようになって、初めて訪れたインドは空港を出た瞬間から人々のエネルギーがすごくて、国によってこんなにも人の性質が違うのか！ と驚いたのを覚えている。この国はあまりにも広くて文化が深くて、大きな荷物を抱えてはとても回りきれない。暮らしたいとは思えないけれど、また来たいと思う不思議な国だ。

今回のインド訪問では、喧騒と埃の中を進み紙と絵本を求める。こんなにも雑多なのに、売るものはちゃんと作っていて、この国の工業力の高さを思い知る。インドでは至るところに手仕事のものやお祭りに付随する飾りがある。サリーが日常着として根付き、若い人でも着ている。人びとの生命力と親しさはこれまでに滞在した国の比ではない。食文化も豊かで、多様な言語が交わる。それでいて、人気の職業はエンジニアと現代的だ。

この国に手仕事が残っているのは、機械化するよりも手仕事の方が早いからのように見える。紙や木版印刷の工房。あの工房の薄暗さと職人たちの黙々と作業する様を、わたしはやはり美しいと思う。民藝の美しさがそこにはある。ちょうど今、青空文庫で読んでいる柳宗悦の『工藝の道』に記されていることを体内に取り込んでその先に行けたらと思う。

古着から作られる紙

インドのマーケットの一角に、紙の専門店を見つけた。質が良い、というか本当にこれは手漉きなの？　と思うほどに均一な厚みや色の紙に、金色や鮮やかな色のインクでシルクスクリーンプリントが施されている。製品表示を見ると、「100% cotton recycled paper, handmade」と記されている。

綿の衣類の製造が盛んなインドでは、古着を活用した紙が作られているらしい。「そんなことが可能なのか？　自分の目で見てみたい！」と思い、知り合いのつてを辿り紙工房を訪ねる。工房の横には大きな倉庫が併設されていて、古着が積み上げられている。布を漂白して裁断して、紙を漉いているそうだ。

手仕事の紙がアパレル産業と結びつくのは、これまでの国では見かけなかったパターンで面白い。手漉き紙に隣接する領域は、伝統工芸やデザイン、パッケージだと思っていたけれど、紙の原料への常識を取っ払ってしまえば、より広いものづくりと関わっていくことができる。紙でできることへの想像が、またひとつ広がった。

薄暗い工房に、鮮やかな木版印刷

インドの服といえば、サリー。今でもインドの街なかではサリーを身に纏う女性の姿をたびたび見かける。その装飾の技法として木でできたハンコを重ねていく「Block Print（木版印刷）」というものがある。学生時代から、ブロックプリントに関する文献を読み「いつかこの現場を見てみたい」と恋焦がれていた。

ジャイプールにあるブロックプリントの工房に行くと、「ダン、ダン、ダン、ダン」と一定のリズムでハンコを捺す音が響く。五メートルもある布の端から端まで、同じパターンで形と色を組み合わせていく。

一定のリズムで黙々と木版を捺す。

ハンコを押した直後は黄色だったインクが空気に触れて次第に赤い色に変わっていき、一〇分程度で染まりきる。染料は空気に触れると酸化し色が変わるもので、同時に布地に定着していく。様子を眺めながら、一枚の布を鮮やかに装うためにかける時間の尊さを思う。すべてを手描きするのに比べれば短い時間だが、機械で印刷するのに比べたら長く手間のかかることだ。その魅力は、一点ものであるとか手仕事ならではのゆらぎや味があるなどと言われることが多い。だけど、本当にそれが魅力なのだろうかと疑問に思うときがある。手仕事のものが、人の手で作られていること。その事実こそに価値や魅力があるように思えてならない。

工房の片隅に宿る美

精巧で美しい絵本を前にして、美しい、以外の言葉を失う。「紙」「インド」というキーワードでピンと来た方もいるかもしれない。インドの南部・チェンナイに小さな出版社タラブックスがある。手漉きの紙に一色ずつシルクスクリーンで色を重ね、緻密で鮮やかなページが出来上がり、それをさらに手製本する。現代にこんなに丁寧で真摯なものづくりが残っていて、海外からも注目を浴びているということに励まされる。

印刷と製本をしている工房に足を運んで、その風通しの良さに驚いた。暑く埃っぽいインドで、こんなに涼やかで整頓された場所でものづくりが行われているなんて！ 工房の片隅には、試し刷りやミスプリントが山積みにされていた。正解ではない、デザインされたのとは違う色の重なりや絵柄の広がりを見てほしい。これがミスだなんて信じられないくらいに心惹かれる魅力を放っていて、これは日本に持ち帰りたいと強く思った。山積みにされたミスプリントの山から五枚を厳選して、特別に購入させてもらう。

タラブックスのショップでは、絵本やシルクスクリーン印刷されたポスター、ポストカード、ミスプリントを表紙に使ったノートなどが販売されている。いずれもタラブックスの繊細な線とデザイン、鮮やかなインクの色が手漉き紙に乗せられた逸品だ。

ショップの一角にあるテレビ画面には、絵本ができるまでの物語が流れている。

どんな風に物語が紡がれたのか、どんな文化がモチーフになっているのか、どんな人が作っているのか。美しさに惹かれて手に取ったタラブックスの本は、裏側まで美しくて、ますますその絵本を愛しく思う。

[コットンペーパーの作り方]

1. 材料
原料となるのは、綿製の古着。
紙の工房の隣には古着が山積みになった倉庫がある。古着を漂白し、乾燥させる。

2. 砕く
漂白した後の古着を、機械で細かく砕く。

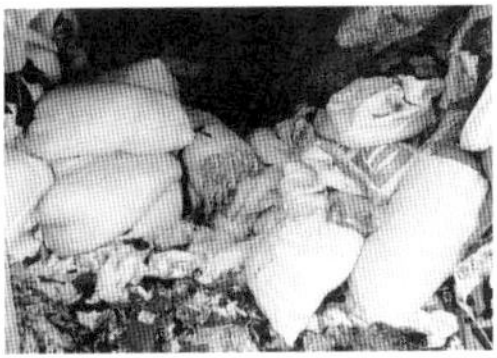

3. 叩解・漉く
2人1組で大きな枠を使って紙料を掬い、水を切る。
上に薄い布を被せ、裏返して左の山に重ねる。たまったら、圧搾してさらに水分を切る。

4. 乾燥
一枚ずつ剥がしとり、地面に並べて乾燥させる。
そのままだと平らではなくべこべこなので、鉄板で挟みローラーにかけ、平らにする。

[ブロックプリントの工程]

1. 木彫
木を彫って、ハンコを作る。

ハンコを隣接して捺すことでパターンが繋がるようにデザインされている。チークやローズウッドなど硬くて伸縮の少ない木を用いる。

2. 捺染
5メートル以上の長さのある台の端から端まで布を広げ、1色目のハンコを端から順に捺す。

ハンコをひとつ捺したら、次の柄と繋がるように位置を微調整する。この作業を何色も繰り返すことで、ひとつの柄が出来上がる。

3. 媒染・乾燥
色を定着させるための液につけて洗ったのち、天日干しする。

折り紙の技法で作られた紙の照明

光に透かして浮かび上がる紙の繊維の流れが美しい。日本の折り紙から着想を得て、紙を折って照明を作っている会社がインドにある。技術やアイデアが海を渡り製品化されている例として、紹介したい。

照明メーカー、INMARKの工房はニューデリーの工場地帯ノイダにある。主な取引先は北欧のデンマークやスウェーデンで、洗練されたシンプルなデザインが人気だそう。今回はインマークの照明がデザインされる事務所と、照明のシェードを作っている工房を訪問させてもらった。機械でうっすらとつけられた折り筋に合わせて、ひとつずつ谷折りと山折りを繰り返し、立体的な形が現れる。代表の方は日本の文化への造詣が深く、和紙の産地も何か所も巡ったことがあるという。

実は、INMARKは前職の取引先で、先に紹介した古着のリサイクルペーパーを作る紙工房はINMARKの代表の方が繋いでくださった。さらに、その紙工房の方がブロックプリントの工房に案内してくれたという経緯がある。日本にいた時のご縁が、不慣れな旅先を豊かにする手がかりを生み出してくれた。

ネパール
二〇一九年 十月三〇日 - 一一月二七日

帰ってきた感じがする

世界の紙を巡る旅の原点

浮足立っている。帰ってきた感じがする。わたしにとってネパールは、紙を巡る旅の原点ともいえる国だ。三年前にネパールを訪問したときに見た紙に衝撃を受け、「日本の外には、見たことのない紙がたくさんある！ もしも世界中の紙を見て回れたらどんなに幸せだろう？」と思った。当時は初めての一人海外旅行で、空港から宿に向かうタクシーに乗るのさえ怖かった。案の定、非正規のタクシーに乗ってしまって怪しい勧誘を受け泣きそうになったけれど、今回はちゃんとタクシーの運転手と会話をして紙工房の連絡先も教えてもらうことができた。少しは成長したのかな、と嬉しくなる。

ネパールでは、岡山で同じシェアハウスに住んでいた友人や、前職の上司、この本を編集してくれることになる編集者の方に会う予定がある。わたしがネパールに滞在しているのと同じ時期にみんながネパールに来ることが、すごい偶然だなと思う。大好きなロクタペーパーは、今も変わらずにネパールの街なかに息づいているだろうか。何度も足を運んだお店は、今も残っているだろうか。カトマンズに数泊した後、合流した友人とバスに七時間ほど揺られてポカラに向かう。山の崖ぎりぎりのところを走るので怖いが、飛行機を使うよりずいぶんと格安だ。

世界で一番好きな紙

遥かなる国、ネパール。インドと中国に挟まれた小さな国で作られる紙が、わたしは世界で一番好きだ。ヒマラヤの標高二五〇〇メートル以上の高さに自生する植物「ロクタ」から作られた紙は、ロクタペーパーと呼ばれる。ネパールのお土産や輸出品として、ひとつの大きな産業となっている。しなやかで光沢があり、ネパール国内の至る所で目にすることができる。大学の卒業論文のテーマをロクタペーパーに定めて研究していたこともあり、思い入れもある紙だ。観光客の多いカトマンズのタメル地区を三年ぶりに歩き、観光地の真ん中に変わらずに手漉き紙の紙屋さんが存在していることに安堵する。店主さんも三年前と変わらずに居た。一一月なので、紙屋の外には来年のカレンダーが所狭しと掛けられている。白地の紙にシルクスクリーンで柄が刷られ、鮮やかな色は一枚ずつ絵の具で色をのせているそう。

前回のネパール訪問では辿り着けなかった紙の工房に行くため、いくつもの紙屋さ

ロクタペーパーの工房の倉庫に積み上げられた手漉き紙。帰国後、kami/で販売しているロクタペーパーはこの工房から届く。

んで聞き込みをする。ロクタの性質上、工房は山の上にあることが多く、トレッキングをしないと行けない場所が多い。今回は運よく、カトマンズの市街地から日帰りで行ける工房を教えてもらった。三年越しの悲願達成、ロクタペーパーの工房にようやく行けるのだ！

工房の場所がわかったので、行き方を教えてもらってバスに乗り込む。言われた通りにバスに乗ったけれど、降ろされた場所はグーグルマップに立てた工房のピンから一〇キロほど離れている。道ゆく人にマップを指差しながら乗り換えるバスを教えてもらって、工房から数キロ離れた場所まで辿り着いた。そこからは歩いて山道を登り、工房の門を叩く。

紙が作られる工程を写真に収め、紙の在庫が積み上がった倉庫も見せてもらった。カトマンズの街なかや日本の店で手にしたロクタペーパーはこうして作られていたのだと知って胸が熱くなる。作る現場を訪ねることは、紙が生まれる瞬間に立ち会うこと。木だったものが細かく砕かれ、水に撹拌され、掬い取られ、一枚の紙になっていくのを目の当たりにした後に、倉庫に積み上げられた何千枚、何万枚のロクタペーパーを見た。そこに費やされた時間のことを思うと、一枚一枚の紙が輝きを秘めた原石のように見える。この紙たちは、どんな色を纏いどんな言葉を乗せ、誰のもとに渡っていくのだろう。

ネパールで訪ねた手仕事

ネパールに滞在した二九日間では、紙以外の手仕事の工房も訪ねた。

一つ目は、ティミ焼という焼き物の工房。カトマンズから一〇キロほど離れたところにあるティミ地域は陶芸で有名な場所だ。元々は素焼きの土器を作っていたけれど、今はヨーロッパからの注文に応えるためにパステルカラーの釉薬や新しい形のデザインの研究をしているという。

二つ目は、ミティラー画の工房。ミティラー画とはインドのビハール州とネパールのジャナクプル地方で母から子へと受け継がれてきた壁画の様式で、作物の豊穣や家族の幸福を願うモチーフが描かれている。本来は土壁や床に描かれていたのだが、一九六〇年代の旱魃時に救済措置として紙や布に描いて売ることを推奨する政策が行われ、広く知られるようになった。メインとなるモチーフは神話や太陽と月など宗教や自然に関するものが多い。

私が訪れた工房では、紙だけでなくノートの表紙やタンブラー、銅製の水筒、マグカップ、やかん、サリー、ストールなど様々な素材にミティラー画を描いていた。

紙に描いて壁に飾るよりも、より手に取りやすく生活の中で取り入れやすい形に展開されていて、勉強になった。そんな風にして三年ぶりに訪れたネパールを満喫して、再びカトマンズのトリブバン空港に向かう。次なる国は、ベトナムだ。

訪れた工房、ミティラーハウス。イベントなどにも積極的で、アーティストによる展示会が開かれていることもある。

コラム05
「世界の紙を巡る旅」の萌芽、ネパール一人旅

二〇一六年一一月一九日。当時大学四年生だったわたしは、中国からネパールに向かう飛行機に乗っていた。初めての一人海外旅行、格安のチケットを買ったから中国で二度も乗り継いで、日本からネパールまで三二時間もかかった。空港泊、乗り継ぎ、入国審査、一週間以上の海外旅行。初めて尽くしのこの旅をきっかけに、わたしは「世界中の手漉き紙を見てみたい！」と思うようになった。

それまでは、海外旅行は韓国や台湾の近場に数泊の旅行と、ガイド付きのインド旅行しかしたことがなかった。本当はネパールも安心安全な旅がしたかったのだけど、お金がない中で卒論の執筆のために現地調査に行かなければならなくなって、嫌々チケットを取って飛行機に乗り込んだ。

わたしは中学生のころから手仕事が好きで、大学では文化人類学の視点からネパールの手漉き紙を研究していた。「伝統は大切なのか？」「手仕事には価値があるのか？」

「伝統工芸とは何なのか？」という疑問への答えを得るために、ネパールの手漉き紙に関わる人々にインタビューをしたり、紙作りの現状や歴史を調査したりしていた。

旅は好きだけど危ないことは嫌いだったから、「紙の現地調査」という理由がなければ一人でガイドもなく海外に行くことなんてなかったと思う。仕方なく始めた一〇日間のネパール旅行で出会ったのは、日本では見たことのない造りの紙ものと、優しく個性的なネパールの人々だった。手漉き紙ロクタペーパーはしなやかで光沢があってそれまで手に取ったどんな紙よりも美しく見えたし、封筒やノートの留め方ひとつをとっても斬新で、紙のお店を覗く度に新たな発見と驚きがあった。行きの飛行機で隣の席だったネパールの方が図書館のチーフで、ロクタペーパーにまつわる本や論文を用意してくれることになったり、宿のオーナーに手漉き紙の工房を案内すると言われてついて行ったら全然手仕事じゃない輪転機の機械で印刷している工場で、思わず激怒してしまったり。一つひとつの出会いと一日一日が彩り豊かで、「これまでの海外旅行なんて旅のうちに入らへん」と日記に書いていた。

就職して働くようになってからも、頭の片隅にはずっとネパールで過ごした時間の鮮やかさがあって、「世界の紙を巡る旅」に出た。好奇心のままに飛び出してしまえたのは、決断力やお金があったわけではなくて、そうさせるだけの魅力や奥深さを手漉き紙が持っているからだと思う。

ネパールでの取材を盛り込んだ卒論では、伝統と手仕事についてこう結論づけた。「伝統や価値は思った瞬間・語られた時に現れるもので、そこにあるかではなくどう語られるか・どう創出されるかを明らかにすることから始まる。生産を支援するNGOによる語り、日本で販売されるときの語り、ネパールの土産店で販売されるときの語り、それぞれ違うが、ロクタペーパーの語られ方は時代によって変化する人間の価値観を反映しているように思われる」。

わたしは今でも、この考えを土台にして手漉き紙とその周辺の状況を見つめている。紙の売り方や作り方、残り方を通して、その地域の人々の感性や価値観、文化に触れる。これが「世界の紙を巡る旅」の中で辿り着きたい本質のところだ。

[ロクタペーパーの作り方]

1. 材料・刈取
ヒマラヤの標高２５００メートル以上の高さに自生する植物「ロクタ」。ダフネとも呼ばれる。

日本ではジンチョウゲ科にあたる植物。

ロクタを刈り取り、皮を剥ぐ。皮を蒸し、外側の茶色い皮をそぎ落とし内側の白い皮だけにする。

2. 叩解
煮込んで柔らかくしたのち機械で細かく砕く。

3. 漉く
オーダーに合わせて原料の量を調整して、溜め漉きをする。

4. 乾燥
枠ごと天日干しにして乾かす。

5. 染色
色をつける場合は、色水の中に紙を浸し、鉄板に貼り付けて再乾燥させる。

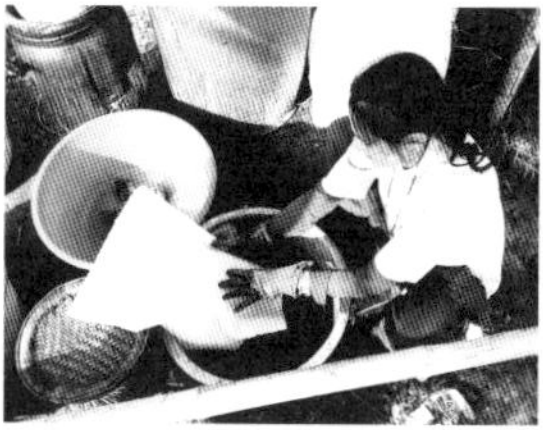

世界の紙を巡る旅を始める二ヶ月前、東京にある「紙の博物館」に行った。紙の作り方や世界各地の紙の展示を見たあとの一角に、来館者の方からの質問と博物館からの答えが掲示されていた。感想文の多くは、校外学習で訪れたと思われる子どもたちの文字だった。その中の一つに書かれていた言葉。

「なんで紙はできたん？」

あまりにも本質的で核心に迫ったこの質問に一体誰が答えられるだろう。この旅の期間で何度も考え、世界各地でその答えに触れてきた。ネパールのポカラでの体験もその一つだ。

ネパールでは、就職してから出会った友人たちと集まって一緒に数日間を過ごし、ロクタペーパーに絵を描き、日本にいる友人への手紙を書いた。これまで数百通の手紙を海外から日本に送ってきたけれど、手漉き紙に絵を描くのは初めてで新鮮な気持ちになった。みんなで色を乗せた紙を封筒の内側に貼り、一人一枚ずつ手紙をしたためて送った。紙が生まれ今日まで続いてきた理由が、こういう純粋な喜びや感情を記し伝え、届けるためであればいいなと思った。

ベトナム
二〇一九年 一一月二七日 - 一二月十日
この国のことをこんなに好きになるなんて

―同じ志を持つ人に初めて出会った国

ベトナムに来るまで、わたしはこの国のことをこんなに好きになるなんて思っていなかった。ご飯がおいしいこと、美しい棚田の地域があること、刺繍や藍染の布製品が豊かなことももちろん大きな魅力だ。だけど私にとってベトナムは、「同じ志を持つ人に、初めて出会えた場所」になった。

ネパール・カトマンズのトリブバン空港から飛行機に乗り、ベトナムのハノイに到着した。インド、ネパールと過去に訪れたことがある国への再訪が続いたので、久しぶりに新鮮な気持ちで空港に降り立つ。ベトナムに滞在する期間に行く場所は特に決めていない。ネットで情報を探すとハノイに紙のお店があるのでひとまずそこに行くとして、その後はどうしよう。正直なところ、ネパールでの時間がとても濃かったのでベトナムでは少しゆっくりしたい気持ちもある。

と思っていたのだけれど、ハノイの街を歩くと面白い博物館やお店、スポットがたくさんあって、滞在中、毎日何時間も歩いて街を散策した。ハノイの街は、過ごしやすい。おしゃれで安価なカフェもあれば、ベトナムのご飯を気軽に食べられる露店もある。わたしはチェーという甘い飲み物にハマって、毎日のように飲んでいた。

ベトナムの手漉き紙

ハノイに到着した翌日、街なかの雑貨店や文具店を訪ね歩いた。手漉き紙の盛んな地域だと、手漉き紙で作られたノートやメッセージカードは、お土産屋さんで簡単に見つけられる。けれどハノイでは全然見つけられなくて、手漉き紙はあんまり作られてないのかな……とがっかりしていた矢先、一冊のノートを見つけた。説明書には「Zó Projectは、ベトナムの伝統的な手漉き紙と製法を受け継ぎ広げるために活動しています」と書いてある。気になって調べてみると、ハノイに店舗があることがわかった。

翌日、ノートを作ったブランド Zó Project のお店に行った。お店にはベトナムの手漉き紙 Dó Paper を使ったノートやグリーティングカード、カレンダーが並び、奥では製本ワークショップの真っ最中だった。製本ワークショップを見学させてもらいながら、ブランドのなりたちやベトナムの手漉き紙事情を教えてもらった。

紙について話せる場

Zó Project では、紙製品の制作と販売だけでなく、カリグラフィー体験や紙漉き工房を訪問できるツアーも開催している。ちょうど次の日曜日に工房に行くというので、わたしも参加させてもらうことにした。日曜日の午前八時、バスに乗り込んで山道を一時間半移動し、工房に向かう。
「紙の注文がなくて街に売りに行ったけれど誰にも見向きもされず、やっぱり紙を作って生活していくのは難しいか……と途方にくれていたとき、Zó Project に出会いました。今では Zó Project からの注文を中心に、手漉き紙の収入だけで生活できるようになっています」。ベトナム・ハノイから一時間半離れた山間の紙工房で、職人の方が話してくれた言葉だ。

ベトナムでは紙工房は減少の一途を辿り、稼働している工房は五軒だけだという。今回訪問した工房も、一度は閉鎖して紙漉き技術が途絶えたのちに、政府の技術指導を受けて復活したと教えてくれた。手漉き紙を受け継いでいくための Zó Project の活動で、一つの紙工房が存続の方向に向かった。手漉き紙を取り巻く環境は悲観的に見えることが多いけれど、誰かの小さな行動で、未来に繋がることもある。

紙を売るためには、よいものを作るだけではどうしようもない。伝える人、届ける人、よさを感じて購入する人、使う人が必要だ。考えすぎるとどこから取り組めばよいのかわからなくなる。けれど、わたしはとにかく、「一〇〇年後も手漉き紙が生きていたらいいな」と思う。その思いだけを頼りに、今年もわたしにできることを選び取っていこうと感じた一日だった。

山間の紙工房では、実は日本からの団体客と偶然居合わせた。日本国内のあるメディアが主催していたベトナムの環境によい店や組織を巡るツアーのお客さんたちだった。わたしの取り組みに興味を持ってもらえたのか、そのメディアとはイベントなどで帰国後もご一緒している。不思議な縁だなあと思う。

博物館で出会う

「用の美」。民藝を語る上で、よく耳にする単語だ。日本の民具館などを訪問した時にも実感したが、ベトナムの博物館を訪ねた時にも同じことを思った。日常で使われていた竹や木の道具は、ときおりハッとするほど美しい造形をして

日本から持っていった紙や、旅の道中に各国で集めた紙をZó Projectのメンバーと一緒に見ているところ。紙の作り方や印刷技法について、質問が飛び交う。

いる。使うための形が必然的に洗練され、美しくあることは、ものづくりのデザインにおいて理想の状況だと思っている。ベトナムの博物館で見つけた籠が、その最たるものだった。地域や時代によって多様な形があり、そのどれもが人の手で編まれ、日常使いされていたことを想像するとなんとも豊かな気持ちになる。

もうひとつ面白いと思ったのは、貝殻を砕いて出た粉末を塗った紙だ。貝の粉によってインクの発色がよくなるため、ハンコの下地として用いられたらしい。見てみても触ってみても、「これは紙なのか……?」と疑ってしまう質感だ。旅をしていて楽しいのは、思いがけないところで紙に関するこれまで見たこともないアイデアに出会えることだ。こんな風に紙を使うことができるんだ、こんな紙の作り方があるんだ、こんな加工をするとこんな効果があるのか、など細かな発見は尽きない。その一つひとつがすぐに役立つわけではないのだけれど、いつか何かを作るときに使えたらいいなぁと思って、とにかくメモをしている。この本は、そのメモの中身を整理して、精査して載せている。ものを作る人にとって、これからのものづくりのヒントになっていたら嬉しい。

[ドゥペーパーの作り方]

1. 刈取

ベトナムの手漉き紙の材料は、DóとDướngの２種類の植物である。
原料は、工房とは別の山で刈り取り加工されてから売られることが多いため、Zó Project の工房のように、皮を剥ぐ工程から体験できる場所は珍しい。

2. 煮熟・叩解

皮を煮込んで柔らかくしたあと、木槌で叩いて細かくする。実際に木の皮を剥ぎ、煮込んで柔らかくし、繊維を叩く過程を体験してから紙を漉いてみると、「本当に木からできてるんだ！」と実感する。

3. 漉く

体験した工房では、注文に応じて溜め漉きと流し漉きのどちらも行う。イラストは、流し漉きをしているところ。日本の和紙作りの技術指導が行われたことがあるため、似た道具を使用していた。

4. 乾燥

流し漉きの場合は圧搾したあとに一枚ずつ木の板に貼り付け、乾燥させる。溜め漉きの場合には漉枠ごと天日干しにする。

ラオス
二〇一九年 一二月十日‐一二月二三日
ゆるやかな流れのメコン川と同じように

―

そこはまるでユートピア

ゆるやかな流れのメコン川と同じように、穏やかでゆったりとした人が多くユートピアのようなラオス。その国の紙もまた、穏やかなものだった。ベトナム・ハノイの空港から飛行機に乗り、ラオスの首都ヴィエンチャンに向かう。旅も終盤に差し掛かり、帰国まで残り一か月となった。長い長いと思っていた旅の期間だったけど、ここまで来ると旅が終わることが寂しく感じられて、まだ帰りたくない、終わらないで、という気持ちになる。そう思ったところで帰国後の予定も決まっているので今いる場所で見聞きできるものごとを存分に味わって楽しむしかない。

ラオスには、タイと同じ原料で作られる手漉き紙があるらしい。工房の場所までは調べきれていないので、ヴィエンチャンの土産物店で聞き込みをする。手織物や服を売っているお店の正面に手漉き紙が巻いて置かれていたので、詳しく話を聞く。お店の人によるとルアンパバーンの街の外れで作られた紙だというので、ルアンパバーンに向かうことにする。ヴィエンチャンからルアンパバーンへはバスで一〇時間。ルアンパバーンのバス停に着いたら、街なかに行くソンテウに乗り込む。飛び交う言葉は全く聞き取れないのだけど、なんとなく、ヴィエンチャンよりも肌に合いそうでホッとする。朝食付きで一泊三〇〇円の安宿にチェックインして、ここなら家賃一万円で生活していけるのか、そんな暮らしもありだなと思う。旅を始めてから、お金に対する価値基準が変化した。何のために稼いで、何にお金を使って、つまりは何のために生きるのか。そういうことを普通に考えたり話したりするようになった。

ゆるやかな街のやわらかな紙

ラオスで二番目に大きな都市、ルアンパバーン。街には寺院が数多くあり、オレンジ色の袈裟を着た修行僧が行き交う。メコン川沿いにはカフェが並び、おだやかな時間が流れる。そんな市街地の外れに、手漉き紙と織物が盛んな村がある。ここで作られているのは、Saaという植物を原料とした紙だ。

タイと同じ製法、同じ原料で作られているけれど、出来上がった紙を見ると異なる印象を抱く。ラオスのSaa Paperの方が大胆でおおらかな感じがする。その理由を考えてみた。まず、漉きこまれている植物がタイよりも大きく色鮮やかであること。溜め漉きの最後のならす過程が簡略化されているため、表面の凹凸がタイよりも大きいこと。前に作った他の色の紙の原料が残っているのか、いろんな色の繊維が混ざっていること。わたしが訪問した工房に限って言えば、同じサーペーパーでもラオスの紙とタイの紙を見分けることは容易だ。気になる紙ものを買い込んで、自転車のカゴに積み込みメコン川を眺めながら灼熱の中を宿に向かう。自転車を漕ぎながらぼんやりと、街の空気感も紙に漉きこまれるのかなと考える。

（上）ヴィエンチャンの土産物店におかれていたSaa Paperのラッピングペーパー。このお店で「ルアンパバーンから仕入れている」と聞き、ルアンパバーンの街に向かう。
（下）ルアンパバーンの街なか。気温が30度前後と暑いが、自転車で移動するのが気持ち良い。時折り、買い占めて日本に持ち帰りたくなるような手仕事のものが、雑多に売られている。

テキスタイルミュージアム

吹き抜ける風が心地よい。藍染めと手織りの布の製法が見れる博物館の廊下で、リクライニングチェアーに揺られながらうっとりとする。この博物館は館内のしつらえも素敵で、家の近くにこんな場所があったら通ってしまうだろう。

折りと刺繍を組み合わせて細かい装飾を施したラオスの民族衣装が展示されていたり、蚕の繭から糸を紡ぐ様子や実際に機織りしていく様子も見ることができた。藍染の道具や素材も展示されていた。普段日本で見るときは、染料の素材は砕かれた状態で目にすることが多いが、植物の形そのままで見ることができて、どんな色がどんなものから抽出されているのか実感した。博物館の敷地には五つの建物があり、経路の最後の建物では布製品が販売されている。無料で出してくれるバタフライピー（レモンを入れると色が変わるお茶）を飲みながらゆったりとしたひとときを過ごすことができる。実はわたしが最初にものづくりに興味を持ったきっかけは紙じゃなくて、布だった。祖母が織物をしていて、機音を聞いて育ったからだと思う。そんな原体験も思い出すことができた。

タイ

二〇一九年一二月二三日 - 二〇二〇年 一月一一日

まさかクリスマスをメコン川の上で
過ごす日が来ようとは。

―

ボートに乗って始まりの国タイへ

ラオスとタイをつなぐメコン川を二日かけて上り、始まりの国タイに向かう。ボートに乗って移動する距離は約三〇〇キロ、東京~名古屋間と同じくらい。二日乗っても三五〇〇円ほどなので、改めて物価の安さを実感する。今日は一二月二四日、クリスマスイブだ。まさかクリスマスをメコン川の上で過ごす日が来ようとは、人生は何が起きるかわからない。朝七時に宿を出発して車で川辺に移動し、三〇名ほどが乗れる船に乗り込む。同乗しているのは家族連れや同年代で一人旅をしているバックパッカー、カップルなどさまざまだ。道中は電波が入らないので、みんな話をするか本を読むか眠るか。時折、モーターボートがものすごい音と水しぶきをあげて、追い越していく。

川沿いには崖と緑が続いていく。日常の移動手段としてスローボートを使っている人もいるらしく、不意にボートが川岸について大量の荷物と共に数名の乗客を降ろす。その一〇分ほどの間に、その場所に住む子供達が船のへりによじ登り、ミサンガや砂金、風車のような簡易的なおもちゃを売りつけようと手を伸ばし声をかけてくる。夕方、次第に空がピンク色に変わり、メコン川に夕日が反射する光景はそれはそれは美しい。中間の村で一泊して、翌朝再び船に乗って移動する。

一〇か月前に日本からタイに向かう飛行機での移動とは全然違う光景とルートで、タイに入国する。二日間同じボートに乗って仲良くなったフランスの女の子とお別れをして、バス停に向かう。予想していなかった出会いや時間が、この一〇か月間には溢れていた。一四か国の紙を巡り、たくさん英語で話して考えて、しんどすぎて泣いたこともあったけど、新しい出会いにワクワクして、ものすごく楽しい時間だった。

二回目のタイでは、前回の訪問で仲良くなった人たちに再会して、紙の工房やお店にもう一度行って、ゆったりと過ごす。あと一週間で二〇一九年が終わり、新しい年になる。そういえば、日本に上陸しないまま令和元年が終わってしまう。

一〇か月での作り手の変化

チェンマイにたどり着いて数日、旅の最初に訪れた雑貨店と製本のアトリエを再訪した。わずか一〇か月しか経っていないのに、二組の作り手の作るものの変化がめざましい。作家さんと「この一年間、どんな風に過ごしてた?」と話をする。それぞれの挑戦と新しい出会いを伝えあって、もう一度タイに戻ってきて良かったなぁと思う。よりよいものを作るための日々を彼らは過ごしていたのだなと思う。彼らと話して日々の過ごし方や毎日の習慣を聞くと、生まれるべくして良いものが生まれているのだとわかる。

藍染め作家のナッタは、「better cutter」というプロジェクトを行なっていた。それはよりよい型染めをするため、より英語の技術を向上させるため、一〇〇日連続で作品を作って発表し、英語でのコメントを添えてインスタグラムで公開するというものだ。作品展も開催されたのだが、タイ訪問の時期と被らず見にいくことができなかった。

製本作家Dibdee Binderの作る手製本ノートは、表紙の柄が幅広くなり、背表紙の編み方の種類も増えていた。二階にあったアトリエが一階に移動し、製本の様子を気軽に覗いてノートについて尋ねやすくもなった。毎日作り続けることで試行錯誤の余地が生まれているのか、一〇か月前よりも見ていて楽しいノートが増えたように感じた。

生まれて初めての海外での年越し

半袖で新年を迎えるのは、初めてだ。「海外で年越しをしてみたい」。これも、今回の旅の目標のひとつだった。アジアには戻ってきていたので、そのあたりで年越しをするならどこがいいだろうと考えて、もう一度タイに戻ることにしたのだった。

日本にいるときは毎年紅白歌合戦を見て、お寺に行って除夜の鐘をついて、夜遅くまでカードゲームをして遊んで年を越していた。元旦にはおせちやお雑煮を食べ、初詣に行くのが当たり前だったけれど、タイにはタイの新年の過ごし方がある。

大晦日の午後九時ごろ、宿を出てチェンマイの旧市街の中に入る。目指すはターペー門の近くで、ランタンに火を灯して空に上げるコムローイ上げが行われるそう。ターペー門に近づくにつれ人の数が増え、歩くのが難しくなるほどごった返している。見上げると、いくつもの白い光がふわふわと空に上っていく。色とりどりのコムローイが浮かび、極彩色の美しい景色が現れた。年越しの瞬間はお寺で、と思って訪れると、天井からたくさんの紐が吊り下げられ、みんなそれを頭に巻き始めた。お寺の人たちがタイ語と思われる言葉で読経したあと「ハッピーニューイヤー」と聞こえてきて、なんとも不思議な年越しを経験することになった。紐を頭に巻くのは、周りの人たちと魂をつなぐ行為らしい。

大晦日、チェンマイの寺院の様子。

韓国
二〇二〇年一月一一日－一月一五日

―

最後の国、韓国を駆け巡る

「世界の紙を巡る旅」最後に訪れたのは隣国、韓国。滞在日数が四日と短いので、ソウル市内の美術館や紙のお店を駆け足で回る。アートとしての紙と観光地に売られている紙に触れ、改めてこれからの紙のあり方について考える機会となった。

今回は、韓国の滞在日数が短いためソウル市内のみを移動する。ソウルの中でも紙のお店がいくつか並んでいるという安国エリアに行ってみる。

駅から一〇分ほど歩いたところに、紙や筆のお店が並んでいる通りがある。「Hanji（韓紙）」と呼ばれる韓国の手漉き紙を初めて手に取った。お店の人に話を聞くと、厚手の紙は墨汁が滲みにくいように二枚の紙が貼り合わせてあるらしい。

大判の紙にはタイやラオスと同じように植物が漉きこまれていたり、ハングル文字がシルクスクリーンで印刷されていたりといった装飾が施されている。

韓国ではオンドルという床下暖房が普及していて、エゴマ油を染み込ませた韓紙を上に敷いて使うこともあるのだという。

一方で、隣国だからか和紙と紙質は似ていて、数日の滞在では細かい違いを見つけられなかった。次回訪問するときには、紙作りが盛んな地方に行って工房を見てみたい。原州（ウォンジュ）という場所が韓紙の生産地らしい。

日本に帰ったあとは、日本国内の紙の工房を回ろうと思っているので、韓紙との細かな違いにも気づけるようになるかもしれない。世界を巡っていても、日本にいても、学べることはたくさんある。

世界の紙を巡る旅、最後の夜

大学のゼミで一緒に文化人類学を学んでいた友人が韓国に住んでいる。私も韓国に行くことになり、ゼミの教授と他の友達も遊びにきてくれることになったので、タイミングを合わせて合流することになった。他のみんなは紙の研究をしていたわけではないけれど、個性的な研究をしていて刺激をもらえた仲間たちだ。一緒に美術館を巡ったり、お酒を飲んだり、懐かしい時間を過ごすことができた。大学で研究したことをそのまま続けていく人がどうしても少ない学問だったので、先生からは紙の研究を継続していることを喜んでもらえた。

世界の紙を巡る旅、最後の夜、私は何をしていたかというと、感傷に浸ってのんびりしていたわけでも、どこかに遊びにいって盛り上がっていたわけでもなく、宿泊先のゲストハウスで旅先から送る手紙を七〇通以上、作り続けていた。宿泊者がみんな使えるラウンジスペースみたいなところで、手紙を書いて、小さな冊子を入れて、封をする。

そんなことを繰り返していたので、不思議に思ったのか、そこに居合わせた宿泊者で、マレーシア在住の日本人のおじさんに話しかけられた。旅のことを話していると「若い子が工芸に興味を持って、旅をするのはいいことだね」と応援してくれた。過去の自分と重ね合わせてくれて、なにか思うところがあったのかもしれない。

日本
二〇二〇年 一月一五日 -

―

旅のおわりに

二〇二〇年一月一五日。ソウルの空港から関西国際空港行きの飛行機に乗る。日本を出てから、三〇三日が経った。「世界の紙を巡る旅」なんてマニアックな旅を決行してしまったおかげで、めちゃくちゃに楽しい日々を過ごした。SNSで「投稿楽しく見させてもらってます！」というコメントをいただいたけれど、誰よりもわたし自身がわくわくして楽しんでいた。この旅が終わって、日本での日常に戻っていくことが少し怖くもある。そんないろんな気持ちが混ざったまま、まさに世界一周最終日に書き残したことばを、そのままもう一度紹介したい。

「世界一周最終日にどうしても書き記しておきたいこと」

（二〇二〇年一月一五日）


三〇〇日続けることを目指して始めた「世界の紙を巡る旅」の最後の日が来ました。今日は、三〇三日目です。旅を通してたくさんのことを学び、いろんな生き方を知りました。その中で今後思い返し続けたいことを並べておきます。三つの〇があるけど、結局は全部、主体的でいようねってことだと思います。

思い返し続けたい三つのこと

〇大切なものは大切だと言おう。

もっと本気で、自分の幸福を願おう。

嫌なこともあるけど楽しいこともあるし、まぁわたしの人生そんなもんだよね、なんて後ろ向きな開き直りはもうやめる。

○不快なものは、理由を考えて改善しよう。
嫌なことに慣れてしまわない。

楽しい時間やおもしろいことは、わたしたちの手で作る。
○どうしようもないこと、抗えない大きな力に流されてしまうときもある。
そんなときは、わたしにできる一手を調べて考えて、動いてみよう。

紙を探しにでかけた先で見つけたのは、そんな強い意思を持った生き方でした。わたしはこれから、本気で幸せを求めて楽しく生きて、紙を介してできることを一つひとつ面白がって試していきます。この一年で出会った強く美しく優しく、聡明な人たちのおかげで、考え方が変わったように思います。彼ら彼女たちに心から感謝しています。


「わたしたち、幸せに生きていこうね」

「忘れないで。あなたはとても素敵な人で、わたしはあなたのことが大好き」

「いつでもここに帰っておいで」

たくさんの愛ある言葉を忘れないように、書き記しておきます。

バリバリ働いて強く生きて成果を出すためじゃなくて、ゆるやかに自由に楽しく生きていくためにも、強い軸を持っておかないと難しいように感じています。わたしがいま望むのは「おいしいパンが焼けるようになりたい」とか「つやつやのご飯を炊けるようになりたい」とか、「前に断念しちゃったアンパンマンマーチのめっちゃおしゃれなギターアレンジがやっぱり弾けるようになりたい」とか、ゆるくて……「いやそれ何のためになるん?」っていうことばかりです。日本で暮らしながら、そんな穏やかさを肯定して明るく捉えるには、現状や周囲がどうであれ、楽しい情景を思い描ける強さが必要かもしれないと、しばらく日本を離れてみて思いました。

「世界の紙を巡る旅」で見つけたもの

世界には、どんな紙があるのだろう。どうすれば、手仕事の紙は残っていくのだろう。旅の始めに抱いた疑問への答えを、私なりにまとめてみようと思う。

世界には、いろんな紙があった。叩いて作る紙や、凹凸のある紙、緻密な印刷が施された紙、水の流れを写しとったような模様が浮かび上がる紙。心惹かれる紙に出会ったのは、紙や文具のお店、紙の工房、街なかの露店。思わぬところで、知らない紙に遭遇して、何度も何度も胸が高鳴った。その全てを作り、売り、使っていたのは当たり前だけど、人だった。言葉すら通じない場所でも、同じように紙が作られていることが私を安堵させた。これまでに見たことのない紙の作り方や形に出会い、日本でも作ってみたい、日本の人たちにも手に取ってほしいと思うようになった。

旅の中で、手仕事が行われる作業中の美しい光景に何度も出会った。木の繊維を砕き、水に散りばめ、掬い取り、一枚の物体にする。そんな紙を作る光景の美しさはどこに行っても変わらず、そこにあった。紙に刷り、紙を折り、紙を綴じ、日常で使うものや誰かに贈るためのカードにする、紙が加工されていく「その先」への作業中に飛び交う会話や言葉はあたたかかった。

紙を探しに行った先の工房やお店、宿ではたくさんの人に出会った。三〇三日間、盗難や事件に合うこともなく安全な旅ができて、これからも連絡を取り合い、また会いたいと思う友人が各地にできた。その中でも、紙や印刷、本に関わる仕事をしている人たちとの出会いはきっとこの先何年にもわたって続いていく大切なものだと思える。長い長い移動の時間や宿に泊まる時間、一人で考える時間が多くあった。これまでのこと、これからのこと、好きなものやことについて、訪問した先で感じた文化や生き方のこと。日本で働いていたときには考えられないほど、深く潜るような思考の時間と、際限のない想像を膨らませる時間を持つことができた。

そして何よりも、紙の存続に関わる問題と向き合う決意というか覚悟、みたいなものの在処を私の中に見つけられた。

メキシコのアマテ、タイやラオスのサーペーパー、ネパールのロクタペーパー、インドのコットンペーパー、ベトナムのドーペーパー、ラトビアのフラワーペーパーやヘンプペーパー、韓国の韓紙。それぞれの場所にその地の植物の繊維で作られる紙が根付いている。何千年と人が記す文字や描く絵を受け渡す媒体となり、生活の中で使われてきた。紙を作る人や売る人と話しながら思ったのは、日々に溶け込む紙を作り伝えていけば、紙は未来に続いていくんじゃないか、ということ。情報伝達の手段がデジタルに大きく移行する中でも、自分が作っている紙が担う役割を明らかにする。新しい化学素材だけが持つ特性もあれば、紙だからできることもある。人の手で作ることができる、というのも立派な特性だ。

世界各地の言葉を乗せ、文化と結びついてきた紙だからこそ、今いちど文化に立ち返りその土地や人の個性と結びつくような色や形になれば、再び根付かせることができる気がする。今わたしの目の前には、世界を歩いて集めた紙片がある。その紙それぞれに出会った国の情景や作った人の表情が思い浮かんで、三〇三日の記憶の積層を感じる。

世界各地の博物館で、何百年も前の紙に描かれた絵や文字を見た。目の前にある紙が長い時を経てきたことに感慨深くなるとともに、ここはまだ始まりなのかもしれないと思った。今日わたしが記した言葉も、今作っている本も、明日作る紙も、何十年何百年先まで残るものになるとしたら、どんなものを作りたいだろうか。手仕事の紙に携わると決めたとき、「すでにある手仕事を残していきたい」と思ったけれど、ここから作り始めることもできるのだ。続く先に継いでいきたいものを、作る。世界の紙を巡る旅で見つけたもの。それは、紙から広がる世界の豊かさだった。

表紙カバーには、特注の大洲和紙を使用しています。

大洲和紙は愛媛県内子町と野村町で作られる国指定の伝統的工芸品です。今回の特注紙は、大洲和紙の代表的な製品の一つである障子紙用の原料をベースとして、端紙を細かく切ったオリジナルのちらを漉き込んでいます。

世界の紙を巡る旅で集めた紙の一部や、レターセットやノートなどの紙ものを制作する過程で出た世界各地の手漉き紙の端紙を漉き込みました。本書に登場する旅のかけらをみなさまにも手に取っていただけたらと思います。

また、表紙カバーのタイトルは著者自身が1点ずつ判子を押しています。

オーダーメイドの紙を作ることや手漉き紙を書籍に使用することは、少しの手間とお金がかかりますが少しずつでも身近になっていくとうれしいです。

［特注紙の原料］
・楮、パルプ
・ちら（漉き込んでいる細かく切った紙のこと）：
saa paper（Thailand）、lokta paper（Nepal）、大洲和紙（天神産紙工場）、cotton paper（India）、amate（Mexico）、韓紙（韓国）、do paper（Vietnam）saa paper（Laos）、チケット（Thailand）、領収証（Vietnam）、包み紙（Mexico）、『世界の紙を巡る旅』初版表紙カバーのミスプリント

［特注紙の制作］
特注紙の制作　株式会社天神産紙工場
原料の煮熟〜漂白　宮脇吉男
叩解〜紙漉き　千葉航太
乾燥　浪江由唯

著者紹介

浪江 由唯（kami/）

「kami/（かみひとえ）」は手仕事の紙を未来に残すことを目指し、2018年に立ち上げたブランド。屋号には、紙いちまいほどの僅かな違いにこだわって活動し、紙いちまいでできることの可能性を提案し続けたいという思いを込めている。

2019年3月～2020年1月まで世界15か国の紙と印刷の工房を訪問。帰国後は紙の展示販売やワークショップ、講演を行う。2021年より大洲和紙の産地である愛媛県内子町に移住し、和紙と世界の手漉き紙を組み合わせた制作やものづくり体験を企画している。

展示、登壇、お仕事のご依頼は、kami.kamihitoe@gmail.com まで。


Instagram（@kamihitoe_lab）

note（@kami___）

「普及版　世界の紙を巡る旅」

2024年10月31日　第1刷発行
2025年3月20日　第2刷発行

著者　浪江由唯（kami/）
編集　嶋田翔伍
発行人　嶋田翔伍
発行　烽火書房
京都府京都市下京区小泉町 100-6
tel 090-5053-1275

ISBN978-4-9911160-8-7　C0095